“快乐阅读伴成长”之海洋馆系列

书小贝海洋奇趣游

中国篇

古老生命的密钥

杜鹏　著

海峡出版发行集团 THE STRAITS PUBLISHING & DISTRIBUTING GROUP | 福建人民出版社 FUJIAN PEOPLE'S PUBLISHING HOUSE

图书在版编目（CIP）数据

书小贝海洋奇趣游. 古老生命的密钥 / 杜鹃著. 福州 : 福建人民出版社，2024. 12（2025. 2 重印）. -- （“快乐阅读伴成长”之海洋馆系列）. -- ISBN 978-7-211-09671-8

Ⅰ. P7-49

中国国家版本馆 CIP 数据核字第 2024S98H43 号

书小贝海洋奇趣游：古老生命的密钥

SHUXIAOBEI HAIYANG QIQU YOU：GULAO SHENGMING DE MIYAO

作　　者：杜　鹃

策划编辑：何　欣

责任编辑：林　婧

责任校对：李雪莹

出版发行：福建人民出版社　　电　　话：0591-87623913(发行部)

网　　址：http://www.fjpph.com　　电子邮箱：fjpph7211@126.com

地　　址：福州市东水路 76 号　　邮政编码：350001

经　　销：福建新华发行（集团）有限责任公司

印　　刷：福州印团网印刷有限公司

地　　址：福州市仓山区建新镇十字亭路 4 号

开　　本：787 毫米×1092 毫米　1/16

印　　张：8

字　　数：52 千字

版　　次：2024 年 12 月第 1 版　　2025 年 2 月第 4 次印刷

书　　号：ISBN 978-7-211-09671-8

定　　价：27.00 元

前言

来自海洋的呼唤

宇宙浩瀚，星辰闪烁，壮丽的银河如同一条用时间和空间编织而成的璀璨丝带，将无数神秘的天体包裹在它的怀抱里。在这无尽的星河中，有一颗蓝色星球，以其独特的姿态，围绕着太阳一圈圈地旋转着，那便是我们的家园——地球。

当我们将目光投向地球，便会发现，那片覆盖地球表面超过三分之二的蔚蓝海洋，是自然力量的展现，是生命起源的温床，是人类文明的摇篮，蕴藏着地球诞生至今的无数秘密。它用海浪低声吟唱，邀请着每一颗好奇的心灵去倾听、去探索、去发现。

生活在陆地上的我们，总觉得海洋是那样地广袤无垠、深邃静谧，又是那样地遥远神秘、充满生机。那些深不可测的沟壑、奇异多样的生物、满载珍宝的沉船，仿佛只存在于古老的传说与冒险的故事之中。然而实际上，海洋又离我们很近。它滋养着我们的土地，提供着丰富的资源，调节着地球的气候，连接着世界的角落——它让我们的生活变得多姿多彩。

随着全球格局的变化，海洋的重要价值愈发凸显。海洋不仅是国家发展的重要支撑，更是社会进步与人类未来的关键所在。海洋的未来，就是地球的未来，也是我们人类共同的未来。因此，我们应该亲海、知海、爱海、护海，走进这片蓝色的世界，了解它的珍贵与脆弱，意识到守护海洋的重要性，进而行动起来，成为一名合格的“海洋小卫士”。这不仅是对海洋馈赠的美好回应，更是对人类未来的郑重承诺。

正是出于这份责任与承诺，“书小贝海洋奇趣游”系列科普故事书应运而生。在这场探秘海洋的奇趣之旅中，我们将跟随书小贝和她的宠物八哥芭小墨、机器人朋友麦小麦，一起乘坐上天入海无所不能的超级飞行器鲲小鹏，穿越时空界限，畅游海洋世界，探索蓝色星球的无穷奥秘。通过一个个生动有趣的故事，我们将一同潜入那片既熟悉又陌生的蓝色世界，揭开海洋的神秘面纱，感受它的壮阔与温柔，学习它的知识与智慧；更重要的是，培养起对海洋的敬畏之心与保护之意。

阅读“书小贝海洋奇趣游”系列科普故事书不仅是一次对海洋的奇妙探索，更是一次关于地球、关于生命、关于未来的深刻思考。希望这套书不仅能让我们享受到阅读的乐趣，更能在我们心中播种下热爱海洋的种子。当这些种子生根发芽，成长为守护蓝色星球的参天大树时，我们的世界将会因这份爱与责任而更加美好。

现在，让我们一同乘上鲲小鹏超级飞行器，开启这趟解开地球密码、探索海洋奥秘的奇趣之旅吧！

杨鹏

2024 年 11 月于泉州

人物介绍

书小贝

一个古灵精怪、活泼好动、聪明好学、酷爱旅行的“小书虫”。她有一位博学、爱研发新奇高科技产品的爸爸，还有一只宠物八哥芭小墨。

麦小麦

书小贝爸爸研发的人工智能机器人，长得像一颗金色的麦子。它的本事可大了，不仅能操作爸爸发明的各种新奇高科技产品，还能帮助书小贝和芭小墨到达任何地方，实现各种奇思妙想。

芭小墨

一只智商超群的八哥。它热爱学习、知识渊博，活泼可爱、馋嘴逗趣。它是书小贝的宠物，也是她最亲密的伙伴。

鲲小鹏

书小贝爸爸最新研发的超级飞行器。它既能变成振翅高飞的大鸟，又能化作劈波斩浪的大鱼。它能带着书小贝和芭小墨上天入海，一起探索海洋世界的无穷奥秘。

写在前面的话

嗨！我是书小贝。

我和我的宠物八哥芭小墨无意间发现了爸爸为我们准备的礼物——一颗名叫“海洋之星”的蓝色水晶球。在它的指引下，我们不仅见到了我们的老朋友——天文地理无所不知的机器人麦小麦，还结交了新朋友——上天入海无所不能的超级飞行器鲲小鹏。这下可好了，我们一起登上了鲲小鹏的驾驶舱，踏上了畅游海洋的奇趣之旅，去探寻海洋世界的无穷奥秘。

海洋是如何形成的？为什么说海洋是生命的摇篮？中国经历了怎样的海陆变迁？在中国广袤的蔚蓝海疆又会有哪些有趣的见闻……带上这一箩筐的问题，和书小贝一起出发吧！

目录

秦岭原来是海洋？

一则新闻引起了书小贝和芭小墨的注意——秦岭地区竟然发现了丰富的珊瑚化石！这可太奇怪了，海里的珊瑚怎么会跑到秦岭去呢？为了找到答案，书小贝和芭小墨取出爸爸送的蓝色水晶球——“海洋之星”，或许它能带他们开启一段奇妙的探秘之旅……

“终于做完啦！”书小贝合上作业本，长长地舒了一口气。她迫不及待地跑出房间，“咚”的一声把自己“扔”在了客厅沙发上。

“小主人，你总算做完暑假作业啦！”她的萌宠八哥芭小墨兴奋得在屋子里飞来飞去，“快带我出去玩吧！老待在家里头，我都快要憋坏了！”

“先让我缓缓。”书小贝瘫在沙发上，顺手拿起遥控器，打开了电视机。

电视里正在播报新闻。一则消息引起了他们的注意：“近日，地质科学院研究团队在对秦岭地区开展地质调查时，发现了丰富的典型泥盆纪珊瑚化石，为佐证秦岭山脉曾发生海陆变迁事件提供了重要的科学实物证据。”

“珊瑚不是生活在海里的吗？珊瑚化石怎么会出现在秦岭？”芭小墨一脸疑惑。

“新闻里说那儿在3.5亿年前是一片‘远古的大堡礁’。难不成秦岭一带原来是海洋？”书小贝也是一脸的不可思议。

“说到海洋……”芭小墨灵光一闪，“爸爸不是送给你一颗‘海洋之星’吗？或许它能够告诉我们答案。”“海洋之星”是一颗模拟地球的蓝色水晶球，它可以启动爸爸最新研发的鲲小鹏超级飞行器，开启奇妙的海洋之旅。

“好主意！”书小贝立马从沙发上弹了起来，跑进房间打开抽屉，只见海洋之星静静地躺在柔和的光晕中，深邃的蓝色中透着神秘的光芒，时而闪烁，时而流动，宛如深海中的波涛，将整个世界凝聚其中。

“我们快去吧！”书小贝小心翼翼地取出海洋之星，急匆匆地向爸爸的工作室跑去，芭小墨也紧随其后飞了过去。

没想到，书小贝刚在门口站定，工作室的门便“吱呀”一声开了道缝儿，一颗金灿灿的小脑袋探了出来：“小主人，你可算来了！”

“麦小麦！”书小贝和芭小墨异口同声地喊了出来。

麦小麦是爸爸研发的人工智能机器人，是书小贝和芭小墨的好伙伴。它长得像一颗金色的麦子，小小的身躯顶着沉甸甸的大脑袋，大大的脑袋上戴着厚厚的眼镜，尖尖的头顶上还立着一支金灿灿的麦穗，看上去既憨态可掬又充满智慧。

“麦小麦，新闻里说秦岭一带发现了古珊瑚化石，你知道是怎么回事吗？”“麦小麦，秦岭该不会是由大海变成的吧？”书小贝和芭小墨围着麦小麦，你一言我一语地问了起来。

“别急别急！”麦小麦一边说，一边打开了工作室的门，“你们先进来，见见我们的老朋友，或许它能帮助我们找到答案。”

麦小麦口中的“老朋友”，便是鲲小鹏。鲲小鹏是爸爸研发的超级飞行器，它既能如大鹏一般翱翔天际，又能像巨鲲一样畅游汪洋。有了鲲小鹏，大家便可以上天入海，尽情探索天空与海洋的奥秘了。

“太好了！鲲小鹏，我们又见面了！”书小贝和芭小墨见到鲲小鹏，格外开心。

“你们好，我也很高兴见到你们！”鲲小鹏一边滴溜溜地转动着一对大眼珠，一边摆摆尾鳍表示欢迎，“你们的问题我都听到了。快进来吧，让我带你们开启一段新的旅程！”

说着，鲲小鹏圆鼓鼓的“肚皮”上缓缓打开了一扇门，降下了一台圆柱形透明升降梯。书小贝小心翼翼地捧着海洋之星，和芭小墨、麦小麦一起，迫不及待地走进升降梯，登上了鲲小鹏的驾驶舱。门又缓缓地关上了。

这一次，在鲲小鹏的“肚子”里，他们会有什么样的奇遇呢?

阅读加油站

传说中，有一位叫麻姑的仙女，曾经三次看到东海变成了桑田，这就是成语“沧海桑田”的由来。“沧海桑田”告诉我们，海洋可能会变成陆地，陆地也可能会变成海洋，人们常用这个成语来比喻世事变化巨大。不过，“沧海桑田”可不仅仅是传说，而是真真切切发生在我们身边的地理现象。在地球46亿年的演化进程中，地表的陆地和海洋确实发生过多次变化，这就是我们常说的“海陆变迁”。

麦小麦告诉我们：海陆变迁主要有两种类型。一种是自然原因引起的，比如地壳运动。地壳在不断地运动着，有时候会把海底抬升成陆地，有时候又会让陆地下沉变成海洋。而外部的气候、水流等因素也会对海陆地貌的互相转化产生影响，比如气候变化导致的海平面的升降、长期的河流冲刷造成的大量泥沙沉积等，都有可能形成新的陆地或海洋。此外，还有一些海陆变迁是人类活动导致的，比如填海造陆等。在自然原因和人为原因的共同影响下，海陆变迁现象在不断地发生着。

回到 46 亿年前

爸爸给鲲小鹏安装了时间轴，有了它，鲲小鹏就能够带着大家穿越时光隧道回到过去。这真是太神奇了！书小贝一行迫不及待地出发了，他们准备去哪儿呢？

再次来到鲲小鹏的驾驶舱内，书小贝和芭小墨倍感亲切。

“请用海洋之星开启控制台，我们的旅程即将开始……”鲲小鹏那浑厚而低沉的声音再次响起，在舱中久久回荡。

“收到！”书小贝忙不迭地捧起海洋之星，走到控制台前，小心翼翼地将它放进启动键的凹槽。霎时间，海洋之星迸射出璀璨夺目的蓝色光芒，照亮了整个工作室。

“耶！我们出发咯！”芭小墨激动地叫了起来。

“不过，我们这是要去哪儿？”书小贝开心之余又有些疑惑。

“去 46 亿年前的地球。”麦小麦在控制台前操作着，头也不回地回答道。

“什么？ 46 亿年前？！”书小贝和芭小墨差点惊掉了下巴，“我们又要穿越时光隧道了吗？”

“猜对了！”麦小麦微微一笑，“你们还记得蓝色城堡里的地球时光隧道吗？这段时间，爸爸给鲲小鹏也安装

了时
间轴。
有了它，
我们就能
够通过时光隧
道回到过去，去
看看地球诞生以来
都发生了些什么。”

“哇！太酷了！”书小贝赞叹道。

“事不宜迟，我们出发吧！”麦小麦一边说，一边按下了出发键。

时光隧道悄然开启，鲲小鹏展开双翼，向隧道深处飞去。伴随着低沉的嗡鸣声，周围的景象不断变幻：喧嚣的都市、古老的文明、原始的自然风光……每一帧都是时间的回响。渐渐地，四周开始沉入黑暗，仿佛陷入一片无边的深渊，只有一些闪烁的星光点缀在黑暗之中，散发出微弱而温暖的光辉。

过了好一阵子，时光隧道前方的光芒愈发耀眼。

“我们到了！”麦小麦激动地说道。

透过舱壁两侧的透明舷窗向外张望，书小贝他们被眼前的景象震惊了：“天啊，这还是我们所熟悉的那个地球吗？”

此时的地球，不再是人们熟知的那个蓝色的“水球”，而更像是一颗巨大的“火球”。它原始、粗

犷，处于一个混沌而炽热的状态，表面覆盖着熔融的岩浆。

“这个时候的地球，表面温度可以达到5000℃，和太阳表面的温度不相上下。”麦小麦解说道。

“天啊，这么热！”书小贝瞪大了眼睛，“这里简直就是生命禁区啊！”

“小心！”芭小墨突然惊呼道，“那些石块要撞上来了！”

只见各种碎石从四面八方飞射而来，撞向地球，险些砸到鲲小鹏，吓得书小贝和芭小墨赶紧抱住脑袋。

“别怕！这些都发生在46亿年前。我们只是这段历史的旁观者，并不是亲历者，它们不会真的砸到我们。”麦小麦捋了捋芭小墨炸起的羽毛，解释道，“而且，正是因为这样的碰撞与合并，地球才能‘越长越大’，从一颗直径几千米的微行星逐渐成长到现在的大小。”

“原来地球在成长过程中经历了那么多的磨难啊！”

书小贝不禁感叹道，“那为什么现在的地球没有那么多‘天外来客’了呢？”

“我猜，是因为大气层在保护着它。”芭小墨抢答道，“你们注意到了吗？46亿年前的原始地球几乎是在‘裸奔’，它的大气层非常稀薄。”

“没错。”麦小麦指了指窗外的地球，“宇宙中的这些微行星撞击原始地球后，它们的能量转化为热能，这些热能使得它们带来的物质熔化或蒸发。通过物质熔化，密度较高的金属铁成分沉入原始地球的中心，形成了地核。与此同时，高温使容易挥发的物质变成气体，不断释放到地球表面。这些气体受到地球引力的束缚，构成了原始大气层。”

“原来地核和大气是伴随着地球的成长，几乎同时形成的呀！”书小贝恍然大悟，“可是，这和我们的海洋探险之旅又有什么关系呢？”

“别急，我们接着往下看。”麦小麦一边说，一边走到控制台前，再次转动时间轴……

阅读加油站

由于目前已经发现的地球上最古老的地层同位素年龄值约为 46 亿年左右，所以科学家们一般以 46 亿年为界限，将地球历史分为两大阶段：46 亿年前称为“天文时期”，46 亿年后称为“地质时期”。地质时期又可进一步划分为宙、代、纪、世等地质年代单位，比如恐龙主要的生活年代就是显生宙中生代的三叠纪中世至白垩纪晚世。

麦小麦告诉我们：地球的演变是一个缓慢而持续的过程。在不同阶段，地球所呈现出的面貌是截然不同的。诞生之初的地球，是一个由熔岩构成的炽热球体。后来，地球逐渐冷却，水蒸气凝结成液态水，落到地面汇聚成原始的海洋。随后，火山活动和板块运动开始塑造地球的地貌，形成了壮观的山脉和深邃的海洋，生命也在这个时期悄然诞生。科学家们认为，最早的生命生活在海底热泉口附近，它们是一些能够忍受极端环境的单细胞原核生物。随着时间的流逝，原核生物进一步演化，开启了地球生命的多样性之旅。

寻找中国古陆

在时光隧道中，书小贝一行遇见了一场超级暴雨。雨水经年累月地冲刷着地球，地表上的水量越积越多，逐渐形成了小溪、湖泊、河流以及原始的海洋。在原始海洋之上，他们能找到中国吗？

随着麦小麦转动时间轴，按下出发键，时光隧道再次开启。窗外的地球开始褪去火红的外衣，从高温、炙热的狂躁中冷却下来。随着时间的推移，火山喷发带出的岩浆开始凝固，逐渐形成坚固的地壳。地表上依稀可见高山、平原、盆地、河床等各种地形。这时候的地球，看起来终于像一个正儿八经的星球了。

“嘀嗒、嘀嗒……”书小贝惊奇地发现，窗外开始下起了雨。雨越下越大、越下越大，淅淅沥沥，没完没了。任凭鲲小鹏他们在时光隧道里不断穿行，这雨竟丝毫没有停歇的意思。

“这雨恐怕没那么快结束啊。”芭小墨忍不住嘀咕道，“我记得之前在蓝色城堡的地球时光隧道里，麦小麦告诉我们，这场暴雨整整持续了数百万年之久呢！”

“是的。”麦小麦望着窗外，回应道，“宇宙中的微行星在撞击地球时会带来大量的水，但之前的地球太热了，水都蒸发成气体飞走了。”

“当时的地球就是个大火球，根本留不住水。”书小贝想了想，接着问道，“那这些雨又是从哪儿来的呢？”

“后来，地球慢慢冷却下来，终于可以留住水了。来自岩浆的水蒸气和灰尘混在一起，变成雨落到地上。”麦小麦回答道，“当时地球表面温差很大，导致热空气上升，冷空气下沉，形成了强烈的空气对流，带动大量水蒸气上升。水蒸气在高空遇冷凝结成水滴，最终形成了超级暴雨……”

“我知道了！”没等麦小麦说完，芭小墨就激动地说道，“雨水经年累月地冲刷着地球，地表上的雨水量越积越多，逐渐形成了小溪、湖泊、河流，以及原始的海洋。对吧？”

“你说得很对，芭小墨。”麦小麦笑着答道。

“哇，真是太神奇了！”书小贝一边感叹，一边回头看了看时间轴，“转眼间又过了六七亿年。你们看，地球开始成为一颗蓝色星球了！”

此时，窗外的地球已不再是之前那种飞扬跋扈的可怕模样。它逐渐变得温婉可亲，像一颗蔚蓝的宝石，镶嵌在黑丝绒般的无垠宇宙中，闪耀着生命的光辉。

“你们找找看，咱们中国在哪里？”麦小麦突然抛出了一个问题。这可难倒了书小贝和芭小墨！他们在古老的地球上使劲地找呀找呀，只见地球表面上散落着数不清的大大小小的岛屿，可是，那只傲然挺立的“雄鸡”究竟在哪儿呢？

“嘻嘻，我不为难你们了。”麦小麦推了推眼镜，娓娓道来，“这些小岛其实就是陆地的早期形态。科学家们研究发现，地壳的陆地经历了由小到大、多阶段生长的过程。在地球早期，地球表面上像这样的小板块可能有上千个，它们以弧状列岛的形式存在。随着时间的推移，这些弧状列岛会经过反复的碰撞与合并，逐渐形成一些小的大陆。”

“这么说来，这些小岛里面，就有中国的踪迹吗？”书小贝追问道。

“可以这么说吧。”麦小麦点点头，“科学家们发现，我国华北地区存在着好几个古老的陆核，也就是大陆块的中心部分。据推测，它们约在35亿年前开始露出海面。”

“不仅如此，到了25亿年前，‘扬子岛’‘华南岛’‘塔里木岛’‘柴达木岛’等陆块也相继开始形成。”鲲小鹏也忍不住加入了讨论。

“这些名字听起来真亲切！”芭小墨有些激动。

“可是，这些小岛又是怎么变成如今的广袤大陆的呢？”书小贝的心里充满了疑问。

阅读加油站

“千里之行，始于足下”，我们脚下的这片陆地是从何而来呢？陆地的最初形态叫作陆核，也就是陆地的初始凝结核，是构成大陆的核心。陆核的特点是长期稳定。在漫长的地质历史时期，它不受造山运动影响，仅在造陆运动中发生过变形。我国的华北地区、塔里木地区和华南地区都存在古老陆核。随着时间的推移，以陆核为中心，逐渐发展出了面积更大的陆块。陆块之间再通过不断的碰撞与合并，聚集增长，扩大变形，最后彼此相连，形成今天的大陆。

麦小麦告诉我们：中国构造单元由华南、华北、塔里木三个主要陆块以及其他地体和周围的造山系构成。其中，华南陆块的涵盖范围大部分是长江流域地区，包括广西、贵州、四川、重庆、湖南、湖北、江苏、江西等省级行政区；华北陆块主要涵盖了黄河流域地区，涉及内蒙古、河南、河北、山东、陕西、山西、北京及辽宁等省级行政区；塔里木陆块位于我国西北部，主要包括新疆维吾尔自治区。

陆块漂流记

想不到，偌大的中国竟然是由许许多多小岛变成的！书小贝这下可长见识了。在漫长的时光隧道中，她目睹这些小岛聚合成超级大陆，又见证了超级大陆的分裂与重组，还追随着古老陆块一路漂流，终于找到了中国大陆的雏形。

麦小麦告诉书小贝，眼前这些星星点点的小岛未来将会经过一系列的组合与变形，最终“变”出今天的中国大陆。这怎么可能呢？书小贝带着满肚子疑惑，跟着麦小麦继续在时光隧道中穿梭。不久，他们便来到了19亿年前。

“快看！那儿有一片巨大的陆地。”书小贝突然眼睛一亮，指着舷窗外大声喊道。

“那是劳伦古陆。它就是由我们刚才看到的那些小板块不断整合而成的。”麦小麦顿了顿，接着说，“后来劳伦古陆又历经反复分裂、合并，在距今约10亿年前形成了一个‘超级大陆’。”

“哇，‘超级大陆’？一定很厉害吧！”芭小墨激动地瞪大了眼睛。

“那是当然。”麦小麦笑着说，“当时地球上大部分的陆地都聚集在这块大陆上，于是，科学家们将这块大陆命名为‘罗迪尼亚超大陆’——‘罗迪尼亚’在俄语中是‘诞生’的意思。如今地球上的各大洲，几乎都是由罗迪尼亚超大陆分裂来的。”

“这么看来，我们常说的‘地球村’，是一点儿也没错呢！”芭小墨惊呼道，“地球村里的居民们，都是‘相亲相爱一家人’呀！”

时间轴不停地转动着，舷窗外的景色变幻莫测，地球上陆地和海洋的分布在不断演变着。

“咦，罗迪尼亚超大陆怎么裂开了？”眼尖的芭小墨发现有点儿不对劲。

“观察得真仔细！”麦小麦不由得竖起大拇指，“大约在 7.5 亿年前，罗迪尼亚超大陆开始解体。分裂出来的陆块又历经一系列分裂与聚合，最终形成了如今地球上陆地的现状。”

“这些陆块分久必合、合久必分，真是太有趣了！”芭小墨听了，不由得拍起翅膀，直呼精彩。

“现在，我们能找到中国的踪迹了吗？”书小贝望着眼前这个有些陌生的古老地球追问道。

“当然能啦！罗迪尼亚超大陆开始分裂后，早期中国三个主要的陆块——华南陆块、华北陆块和塔里木陆块也随之分离出来，作为独立的大陆，像岛屿一样在大洋中漂移。”麦小麦一边说，一边用手指了指，“你们看，中国的‘岛屿群’正在组团从南向北缓慢漂流，还时不时地‘转圈圈’呢！”

“真想助它们一臂之力啊！”书小贝看着这些以亿年为单位龟速漂移的陆块，心里急得直痒痒。

“快看，这些陆块开始碰撞拼合了！”芭小墨望了一眼控制台上的时间轴——此时，已经来到了距今大约3亿年前。

只见各陆块北移的速度渐渐快了起来。先是塔里木陆块同哈萨克斯坦陆块拼在了一起，华北陆块与蒙古陆块拼在了一起；紧接着，华北和华南陆块开始拼合，形成了古老的华夏地块；与此同时，塔里木陆块也与华北、华南陆块汇聚，形成了一个更大的陆块……

书小贝和芭小墨屏息静气，看着这些巨大的陆块不断旋转、碰撞、聚合，感觉就像在看一部荡气回肠的史诗大片。直到大约2亿年前，华南、华北和塔里木陆块间的缝合带逐渐消失，它们终于成为一个整体，早期中国大陆初步成形。

“经过以亿年为单位的努力，早期中国大陆的主要组成部分终于走到了一起。”芭小墨长长地舒了口气。

“真是太了不起，也太不容易了！”书小贝也抑制不住澎湃的心情，激动地鼓起掌来。

阅读加油站

中国大陆的形成经历了漫长而复杂的过程。当早期中国大陆逐渐成形后，它又继续向东北方向漂移，并与太平洋板块发生碰撞。这个过程塑造了燕山山脉和一系列内陆盆地。在三叠纪至侏罗纪时期，华南、华北和塔里木陆块进一步汇聚，并发生了大规模的造山运动，形成了横断山脉、秦岭、大别山、天山、昆仑山等一系列山脉。这些造山带进一步演化和巩固，就形成了如今中国大陆大约四分之三的构造格局。

麦小麦告诉我们：造山运动就是地壳板块移动、碰撞，导致岩石急剧变形而大规模隆起并形成山脉的过程。与造陆运动相比，造山运动的发生和完成时间较短，仅影响地壳局部的狭长地带。想象一下，地壳就像是一块块拼图，它们有时候会移动、碰撞。当它们发生碰撞时，便会挤压在一起，让地面变得高低不平，有些地方甚至会被挤得高高隆起，从而形成山脉。造山运动不仅塑造了山脉，还形成了平原、盆地等，让地球的地形变得更加丰富多样。

沧海桑田的见证

大约2亿年前，早期中国大陆初步成形，不过它与今天中国的样子可是大相径庭。芭小墨惊奇地发现，当时中国大陆的北边形成了陆地，但南方还多是海洋。这和秦岭发现的古珊瑚化石有什么关系吗?

从古老陆核的出现，到超级大陆的裂解与拼合，再到陆块的形成与漂移，中国大陆经历了极其漫长的地质时期。

“你们注意到了吗? 虽然中国大陆的雏形形成了，但它的样子和我们平常见到的中国地图可是大不相同啊！”书小贝凝视着屏幕上的动态地图，不禁发出了“灵魂拷问”。

“是啊。在这个时期，中国的许多土地仍被海水淹没着。”芭小墨飞到屏幕前，指着地图说，“你们看，中国大陆的北边形成了陆地，但南方还是一片汪洋。”

“是的。”麦小麦点点头，说道，“那时黄土高原还是一个盆地，而长江流域以南的绝大部分地区都还浸润在古地中海之中，西南地区也只有零星的岛屿。”

“地中海？”书小贝惊讶地喊了起来，“地中海不是在亚欧大陆的西边吗？”

“哈哈，这个时期的古地中海面积非常大，横贯亚欧大陆南部，向东可以直通古太平洋呢！”麦小麦笑着解释道，“这里气候温暖，生活着很多海洋生物。你们还记得秦岭的古珊瑚化石吗？”

“啊，我明白了！”书小贝顿时恍然大悟，“这些海洋生物化石就是古老中国沧海桑田、海陆变迁的见证啊！”

“是的。不仅在秦岭，科学家们在中国广袤土地的不同地方，都发现了不少海洋生物化石。”麦小麦一边说，一边在控制台上操作着。不一会儿，海洋之星的上方便投射出一幅幅化石的全息影像。

“这些小虫子是什么呀？”书小贝瞪大眼睛，盯着眼前的动物化石问道。

“这是最早的蠕形动物的软体印模及其活动遗迹，”麦小麦解释说，“这些动物生活在8亿到7.5亿年前的安徽淮南地区，因此科学家们称它们为‘淮南动物群’。它们还不具有分泌硬壳或者骨骼的能力，它们的软体能够形成化石保存下来，特别难得。”

“哈哈，你们看，这里又出现了一些稀奇古怪的古生物，有的像树叶，有的像果子，有的像羽毛，还有的像洋葱，有趣极了！”芭小墨被眼前这些古生物化石的样子逗得直乐。

“这些是科学家们在我国的三峡、湘西、陕南等地区发现的古生物化石。它们被证实是6亿多年前生活在海里的腔肠动物、环节动物、节肢动物等。它们的存在，意味着软躯体动物开始出现，并不断演化，达到了空前繁盛的局面。”麦小麦回应道。

“在这些地方发现海洋动物化石？那是不是可以证明这些地方原来也是海洋？”书小贝若有所思。

“没错，这就是中国海陆变迁的有力证据。”麦小麦点点头，肯定地说。

“你们快看，这里还有更好玩的呢！这些化石就像几何图形大荟萃，有圆形的、圆柱形的、方管形的，还有像帽子一样形状的呢！”芭小墨指着全息影像里的图案，开心地跳了起来。

麦小麦笑着说：“这是在贵州的瓮安地区发现的‘瓮安动物群’。这些动物开始具备分泌硬壳和骨骼的能力了。不仅如此，科学家们还找到了不同类群动物在不同发育阶段的胚胎化石。”

“太神奇了！”书小贝和芭小墨仿佛在听天方夜谭，“真想去古老的海洋里一探究竟啊！”

“这可难不倒我！”鲲小鹏得意地甩了甩尾巴，“抓紧扶手，我带你们去一个地方，保证你们大饱眼福！”话音刚落，鲲小鹏便收起翅膀，伴随着呼啸的风声，向大海俯冲而去。海面在它的冲击下激起层层浪花，宛如朵朵盛开的白色花朵。

阅读加油站

我们常说“沧海桑田”“移山填海”，那么科学家们是如何知道哪些地方曾经是海洋呢？在距今4亿多年前的古生代志留纪时期，我国的华南板块和塔里木板块曾经有一些沉积形成的富含铁矿物质的红色岩层。这些红色岩层主要位于靠近海岸的浅海地带，在地质学上被称作“海相红层”。科学家们可以通过观察它们的分布情况，推测出古代海洋的边界。

麦小麦告诉我们：确定古海洋的边界以后，科学家们还可以通过寻找古海洋遗留下来的海洋生物化石，来推测古海洋的位置、规模、范围和地层的年龄。比如，如果在两个地点发现了同样的鱼类化石，那么我们就有理由推测当时这两个地点可能曾通过水道相连，或者处于同一片海域，由此便可通过鱼类化石的空间分布情况推测出古海洋的规模与范围。

寻找远古的祖先

在鲲小鹏的带领下，书小贝一行穿越到了数亿年前的古海洋中。在这片奇妙的海底世界中，远古生物们自在游弋、繁衍生息，尽情享受着生命的乐趣。在那里，书小贝一行会有怎样的奇遇呢？

等书小贝再次回过神来，他们已经置身于一片奇幻的古海洋之中了。

光线穿透清澈的海水，照亮了五彩斑斓的海底生物世界。成群的小动物在水中自在悠游，有的圆润如球，有的修长如管……

“这是什么地方？”书小贝仿佛做梦一般。

“现在我们来到了5亿年前的寒武纪时代。我们所在的位置就是云南澄江，没想到吧？”麦小麦调皮地眨了眨眼。

“啊？云南？！”芭小墨惊讶到合不拢嘴，“这怎么可能呢？我们不是在海里吗？”

“别急，听我慢慢说来。”麦小麦不紧不慢地说道，“就像我们在地图上看到的那样，在5亿年前的寒武纪时代，中国南方就浸润在这样一片汪洋大海之中。这个时期的生物极其丰富，它们在此角逐，尽情演绎着生命的奇迹。”

“我想起来了！”书小贝猛地一拍脑袋，“我在书上看到过，这好像叫‘寒武纪生命大爆发’，对吗？”

“没错！”麦小麦赞赏地竖起大拇指，“正是这些形形色色的古生物不断演化、扩散，才造就了如今生活在这颗蓝色星球上的绝大多数现存动物。”

“我们的祖先也在这里吗？真是太神奇了，我们快去看看吧！”书小贝好奇地趴在舷窗旁，仔细地打量着窗外的小生灵们。

在这片寂静而神秘的海洋深处，可以看到海绵、海葵在海底栖息，一些小型海洋生物在爬行，而另一些则在水中优雅地滑动。在它们的周围，悠游的腕足动物和节肢动物在互相追逐，展现出蓬勃的生命力。

远处，一些更大的掠食者缓慢游动着，设法在水中寻找猎物。

“这就是大名鼎鼎的‘天下第一鱼’——昆明鱼。”麦小麦指着一尾穿行而过的小鱼说道，“别看它不起

眼，但它的身体可是获得了三项生物之‘最’哦！”

“三个‘最’？难道是像我一样最聪明、最漂亮、最可爱吗？”芭小墨说着，骄傲地昂起了头，把书小贝和麦小麦逗得笑弯了腰。

“咳咳……”麦小麦揉了揉笑疼了的肚子，继续说道，“它有地球上最古老的头脑、最古老的心脏和最古老的脊椎骨，而且还有一对眼睛！可以说，今天地球上所有脊椎动物都是从这条小小的昆明鱼演化而来的。”

“天哪！太厉害了！”书小贝和芭小墨听得目瞪口呆。没想到这尾小小的鱼儿，竟有如此大的能耐！

“那是什么？”书小贝指着不远处一只在海底缓慢行走的小虫子，“它有好多软软的腿，身上还有好多圆点点，像长满了眼睛似的！”

“你观察得真仔细！这是有‘九眼精灵’之称的中华微网虫。”麦小麦赞许地点点头，继续说道，“它是一种叶足动物，而叶足动物是地球上最早拥有类似步足结构的动物之一。在它长条形的躯干两侧，有9对网形骨板，科学家们认为这些骨板具有感光作用。骨板下方有10对没有关节的足，每条足的尖端都有2个爪。”

“就像这样？”书小贝一边说一边弯下腰，绷直了关节学起中华微网虫走路的样子，逗得大伙儿哈哈大笑。就在这时，几只拇指大小的小虫子仿佛被他们的快乐所吸引，朝着舷窗方向缓缓游来。

“快看快看，这是云南虫！”麦小麦看到这些小虫子十分激动，“它们可是澄江生物群中最重要的发现之一。云南虫是地球上最古老的脊索动物之一，比刚刚咱们见到的脊椎动物昆明鱼还要古老哦！可以说，云南虫是脊椎动物的祖先之一。”

“啊，真没想到这些看似不太起眼的小虫子，竟有这么重要的意义啊！”书小贝盯着眼前的这些自在游动着的小生灵，惊讶得几乎说不出话来。

阅读加油站

地球漫长的46亿年历史主要分为隐生宙和显生宙两大阶段。隐生宙指的是从地球诞生到寒武纪之前的漫长地质时期，这个时期地球上只进化出了一些非常简单的生命形式。直到约5.41亿年前，地球终于迎来了生命进化的重要时刻——寒武纪生命大爆发。自寒武纪开始，各种生物大量涌现。因此从寒武纪至今的地质时期被称为“显生宙”。

麦小麦告诉我们：科学家们在我国云南抚仙湖畔的澄江帽天山，发现了保存非常完好的寒武纪早期古生物化石群，这一重大发现生动地再现了5亿多年前海洋生命的壮丽景观。澄江化石群种类丰富，囊括了20多个门类的300多种生物，在这里几乎能够找到所有现存动物门类的早期祖先。因此，澄江化石地也被誉为“生命演化树”的根脉所在。2012年，澄江化石地被联合国教科文组织正式列入《世界遗产名录》，成为亚洲唯一入选该名录的化石类世界遗产。

古老生命的密钥

在5亿年前的海底世界，到处都是奇遇。这不，一群张牙舞爪的“大怪兽”可把书小贝一行吓坏了！它们是什么呢？古老生命的密钥又藏在哪里呢？

在古老的海洋里畅游，处处都是奇遇，处处都是惊喜。

“快看那儿——抚仙湖虫！”麦小麦兴奋地指着海底滑游着的一群虫子说道，“别看它们小小的不起眼，它们可是节肢动物的原始祖先呢！”

“什么是节肢动物呀？”书小贝不解地问。

“节肢动物由无脊椎动物进化而来，是动物界里一个超级大的家族。现在地球上存在的所有动物中，有80%以上都是节肢动物呢！”麦小麦耐心地解释道，“节肢动物的身体被分成了很多小节。你们看，这些抚仙湖虫的身体就由31个小节组成，分为头、胸、腹三部分。这些小节可以弯曲和移动，相当灵活。”

“是这样吗？”芭小墨调皮地扭动起头和身子，把大家逗得直乐。

“科学家们还在抚仙湖虫的身体里发现了循环系统和神经系统，这就和我们身体里的血管和大脑一样重要。为此，科学家们开创了一门新学问，叫作古神经学，用以探索古老动物大脑的秘密！”麦小麦补充道。

“看来过不了多久，这些古老动物脑子里的小秘密就要被破解了！”书小贝开心地说。

“更有趣的是，抚仙湖虫还会带着它的小宝宝们一起生活，就像爸爸妈妈照顾我们一样，可能它是最早有‘家庭’观念的动物之一哦！”麦小麦指着窗外说道，“你们看，这群抚仙湖虫正一家老小一起出游呢！”

“真是幸福的一家！”书小贝连连赞叹。

“嘿，这些张牙舞爪的家伙是什么呀？”眼尖的芭小墨发现不远处，几只“巨无霸”正朝着鲲小鹏这儿走来。它们身形庞大，躯干呈流线型，头上顶着一对大眼睛，足足有乒乓球那么大；还长着一对强有力的大螯足、一个美丽的大尾扇和一对长长的尾叉，一看就不好惹。

“这是寒武纪海洋生物界的霸主——奇虾。它是一种攻击能力很强的食肉动物，最大可达到两米以上，是这个时代海洋生态系统中的顶级捕食者。”麦小麦指着奇虾讲解道，“你们看，它的头上长着一对带柄复眼。这对复眼视力极佳，由上万个单眼组成，能360°旋转——什么猎物都逃不过奇虾的‘法眼’。”

“它的嘴巴好大呀！就像一个巨碗，嘴里的牙齿像齿轮一样又多又锋利。”书小贝趴在舷窗上，仔细观察着奇虾，不由得感叹道。

“咦？它们走起路来怎么有点笨笨的？看起来还不如我灵活呢！这样能捕捉到猎物吗？”芭小墨有些

不屑地撇撇嘴。

“哈哈，你别看奇虾不善行走，它们游起泳来速度可快了！而且它们捕猎十分凶猛，即便是有矿化外甲保护的动物也不在话下哦。”麦小麦调皮地学着奇虾的样子，张牙舞爪地扑向芭小墨。

“啊？这么可怕呀！”芭小墨吓得缩到了书小贝的身后，“我们还是躲着点吧，小心它们向我们发起攻击。”

“哈哈哈，别怕别怕，我们只是历史的旁观者，

奇虾不会真的攻击我们的。”鲲小鹏一边安抚芭小墨，一边悄悄地浮出了海面，重新飞回了空中。

“古老的海洋真奇妙呀，有那么多奇形怪状的小生灵！”书小贝仍然沉浸在奇幻的海洋世界中，意犹未尽。

“这些神奇动物后来怎么样了呢？”芭小墨歪着脑袋问道。

“历经沧海桑田、海陆变迁，这些古老的海洋生物有的逐渐消失，有的迁移到其他地方生活，有的演化成为新的物种……”麦小麦指着控制台上的全息影像说道，“它们中的一些被埋进深深的海底，经过几万年甚至更长时间的变化，最终成为古生物化石。正是这些远古生物化石，为我们勾勒出了地球上波澜壮阔的生命演化历程。”

“虽然这些古老生物不复存在，但它们仍然可以通过这种方式见证地球历史，帮助我们了解生命的演化。”书小贝看着手中的化石影像，不禁感叹道，“没想到这些小小的石头里，竟还藏着古老生命的密钥呢！”

阅读加油站

在漫长的地质年代里，地球上曾生活过无数丰富多彩的生物，它们之中的一部分死后被埋在了地下。随着时间的流逝，这些生物遗体中的皮、肉等有机质分解殆尽，而外壳、骨骼等坚硬的部分则与包围在周围的沉积物一起经过石化作用变成了石头。但是它们原来的形态、结构等依然保留着，同样保存下来的往往还有这些生物生活时留下的痕迹。这些石化的古代生物遗骸、遗迹就被称为化石。化石一般要经过上亿年才能形成。

麦小麦告诉我们：化石不仅记录了地球上生命的起源、发展、演化、灭绝、复苏、埋藏和石化等全过程，而且蕴含着地球内外环境的大量信息，成为科学家破译古老生命信息的“密钥”之一。

自东向西的河流

告别了古老的海底世界，书小贝一行继续穿行在时光隧道中。凝望着古老的中国土地，芭小墨突然发现，这片土地上的河流竟然是从东向西“倒流”的。这是怎么回事呢？

告别了古老的海底世界，鲲小鹏带着大家继续在时光隧道里穿行。舷窗外，板块运动如同挥毫泼墨的如椽巨笔一般，书写下海陆变迁的壮阔历史，描绘出风云变幻的万千景象。广袤的海洋时而吞噬陆地，时而退让出空间，塑造着千变万化的海岸线。板块间的碰撞与挤压如同巨人的游戏，让高山崛起，让深谷沉沦，造就了千变万化的地貌形态。

芭小墨一会儿望着舷窗外的大陆与海洋，一会儿又回过头来盯着屏幕上的动态地图，似乎在思索些什么。过了好一会儿，它才迟疑地问道："你们看，在古老中国的土地上，这些河流怎么是自东向西流呀？"

书小贝顺着芭小墨的手势看了过去，也跟着惊呼起来："中国的地势不是西高东低吗？水不是应该往低处流吗？怎么反着来了？"

"你们观察得很仔细呀！"麦小麦赞许地点点头，指着屏幕上的动态地图，对书小贝和芭小墨说，"你们再仔细看看……发现了吗？此时的中国还没有形成西高东低的三级阶梯状地势结构；相反，它呈现出东高西低的地势。"

"东高西低？"书小贝和芭小墨不敢相信自己的耳朵。

"是的。大约2亿年前，'印支造山运动'将中国的古陆块紧密地连接在了一起，又将长江中下游和华南地区由浅海变成了陆地。到了1.5亿年前，太平

洋板块向我国东部地区俯冲，导致我国东部地壳收缩并加厚，东部地区开始隆升。”麦小麦解释道。

“哦，我知道了！”芭小墨飞到书小贝的肩膀上，拍了拍翅膀，兴奋地说，“那时印度洋板块还没和亚欧板块发生碰撞，喜马拉雅山脉仍藏在海底，所以我国的西部地区还不高。”

“这样看来，当时我国的整体地势应该是北高南低、东高西低。难怪这些河流都自北向南、自东向西流呀！”书小贝开心地朝舷窗外挥挥手，和向西奔腾而去的河流说再见。

“你们都说得很棒！”麦小麦竖起大拇指，接着说道，“不久之后，又发生了叫作‘燕山运动’的地质变化。那时候，青藏高原开始缓缓上升，四川、湖北一带的山脉也开始隆起，但整体上看，当时我国西南地区地势还是比较低平。”

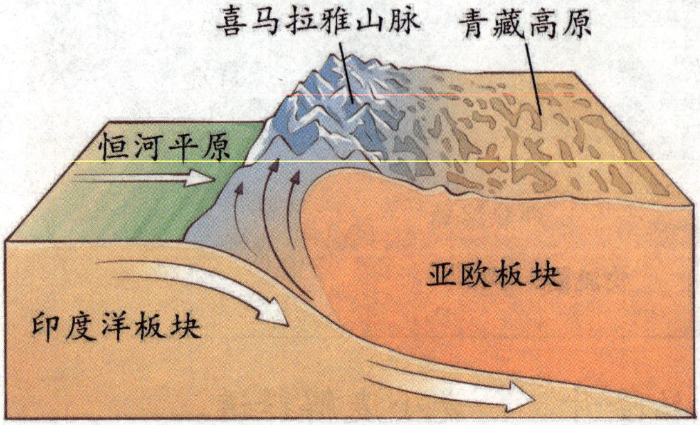

“你们看，如今的青藏高原和云贵高原当时还在海边。”麦小麦指着大屏幕上的地图说道，“后来，北面的亚欧板块与南面的印度洋板块撞到了一起，推动青藏高原快速抬升，这一过程被称为‘喜马拉雅运动’。随着青藏高原变得越来越高，边上的海洋逐渐消失，我国的西南地区从沿海变成内陆。由于西部地区变高了很多，而东部变化不大，我国的地势便成了西高东低。再加上河流侵蚀，切穿巫山，原来的众多小河汇成大江，浩浩荡荡，自西向东，一路奔流到海，就形成了我们今天看到的长江。”

“滚滚长江东逝水……”芭小墨听完麦小麦的叙述，只觉得心潮澎湃，不由得扯着小破锣嗓子唱起歌来，把大家逗得哈哈大笑。

“没想到，滚滚长江是这样来的呀！”书小贝发现了不得了的秘密，开心极了，她连忙追问道，“那黄河呢？”

“黄河的形成要比长江晚一些。”麦小麦回答道，“青藏高原变高了以后，挡住了来自印度洋的暖湿气流，导致亚洲内陆变得干燥，甚至逐渐沙漠化。同时，青藏高原的大幅度隆升也催生出了大范围的冰川，而冰川的融化又带来了源源不断的流水。随着地壳运动和冰川作用，一些独立的湖泊逐渐连接在一起，携手穿越地垒山地，带着沿途的黄沙，最终形成了东流入海的黄河水系。”

听到这儿，书小贝不由得深深感慨道：“长江浩荡，黄河奔腾，百川东流终入海，共同见证了中国大陆的形成与变迁，也满载着中华民族的文明与梦想，奔向辽阔的远方。”

阅读加油站

大约在16亿年前，大规模的造山运动使得中国华北和华南大陆四面受到挤压，形成了广阔的亚欧大陆东部造山带，因此当时中国的地形地貌特征是东高西低，与现在的西高东低的地貌特征完全相反。之后又发生了大规模的伸展构造运动，在中国东部形成了很多串珠状的盆地。

麦小麦告诉我们：随着印度洋板块北漂并和亚欧板块发生碰撞，青藏高原逐渐抬升和变形，这就导致中国大陆西部和南部地区发生了强烈的褶皱和隆起，形成了世界上最高的山脉——喜马拉雅山脉。而青藏高原和喜马拉雅山脉的隆升，使得中国东部（包括整个亚欧板块的东缘）发生了造山后的重力垮塌，陆缘最外侧地块裂解后漂移，形成了西北太平洋的一系列岛弧，也催生出了渤海、黄海、东海以及南海。

广袤的蔚蓝海疆

离开时光隧道后，鲲小鹏给书小贝和芭小墨出了几道难题：中国的国土面积有多大？中国的蔚蓝海疆由哪些部分组成？……这回，书小贝和芭小墨能答得上来吗？

历经数十亿年，中国大陆基本形成。见证了这一切的书小贝和芭小墨心潮澎湃，激动不已。

“想不到如今中国的壮美河山，背后历经了这么复杂而深刻的变迁。”从时光隧道中出来，书小贝仍意犹未尽，感慨万千。

再次凝望这片土地，这里的秀美山川，这里的旖旎风光，都因时间的沉淀而愈发显得意义非凡。

“我来考考你们！”鲲小鹏突然提出了一个问题，“都说我国幅员辽阔，那你们知道我国的国土面积有多大吗？”

“太简单了！有960万平方千米。别忘了，我们可乘坐神奇飞书游历过祖国大好河山呢！”芭小墨一边回答，一边转起圈儿跳起舞，“你们还记得那首歌谣吗？‘中国陆地像雄鸡，屹立东方喔喔啼。省级区划三十四，地广物博景致奇……’”

“不对不对！”书小贝急忙打断了芭小墨，“我国不仅有雄鸡一般的陆地领土，还有浩瀚的海洋国土呢！”

“没错，我国不仅是个陆地大国，还是个海洋大国。”麦小麦赞许地竖起了大拇指，“我国位于亚洲东部、太平洋西岸，陆地总面积约960万平方千米，海域总面积约473万平方千米。”

“哇，我国的海域面积几乎是我国陆地面积的一半呢！”书小贝忙不迭地掰起指头算了起来。

“我再考考你们，你们知道我国的蔚蓝海疆由哪些部分组成吗？”鲲小鹏连珠炮似的又提出一个问题。

“这可难不倒我！”芭小墨飞到地图旁，一边自北向南依次指认，一边唱起了歌谣，“渤海蓝，波浪轻；黄海边，歌声清；东海潮，心欢腾；南海暖，梦想明……”

“海洋蔚蓝宽无边，中国领土在心间。岛屿星星点点亮，共守海疆永相连。”书小贝也随着芭小墨的歌声，一起轻轻吟唱起来。

“唱得真好！”麦小麦不禁为他们鼓起掌来，“我国广袤的蔚蓝海疆不仅包括渤海全域，黄海、东海、南海的大部分海域，还包括了台湾东侧的部分太平洋水域。”

“咦，为什么我们说的‘中国海’里，只有渤海全部属于中国呢？”听了麦小麦的话，书小贝有些纳闷。

“这是因为‘中国海’和中国的‘海洋国土’并不完全相同。‘中国海’是指濒临中国的海域，它是海洋学、地理学上的一个概念。”麦小麦耐心地解释道，“我们知道，海洋是一个完整连续的水体，并不存在天然的划分。人们为了能够更好地认识海洋，根据海域的地理位置、地理轮廓、海洋物理性质、生物体系、海底地貌等因素所表现出的差异，将中国近海划分为渤海、黄海、东海和南海四个海域。”

“那中国的‘海洋国土’呢？它和‘中国海’有什么不同呢？”书小贝仍旧有些不解。

“就像每个国家都有自己的陆地，海洋国土是属于这个国家的海域及其海床和底土。黄海、东海、南海并不全是我国的海洋国土，部分海域属于与我国相邻的周边国家。同时，我国管辖的海域也不限于‘中国海’，比如台湾东侧的部分太平洋海域也属于我国管辖。”麦小麦继续解释道，“我国海洋国土由内海、领海、毗连区、专属经济区、大陆架等所有管辖海域共同构成。在不同的区域，国家享有的主权和管辖权也是不同的。”

“听起来好复杂呀！”书小贝挠了挠头，笑着问道，“麦小麦，我们可以去祖国海疆看一看吗？”

“当然可以啦！”麦小麦欣然应允，走到控制台前操作起来。

阅读加油站

海洋国土就是我们在海上的家园。我国海洋国土由内海、领海、毗连区、专属经济区、大陆架等所有管辖海域共同构成。内海和领海就像家里的阳台，是我国完全管辖的地方，别人不能随便进来；毗连区是紧挨着领海的地方，就像家门口的过道，我们可以管理一些特别的事情；专属经济区是再往外一点的地方，就像小区里的公园，我们可以进行一些活动，别人也能来，但需要遵守规矩；大陆架是海底的一部分，就像我们房子的地下室，里面藏着很多资源，需要我们好好守护。

麦小麦告诉我们：我们用“海里”来测量海洋的距离。1 海里大约是 1.852 千米。在大航海时代，人们通过测量海平面和特定天体（如太阳、月亮等）之间的夹角来确定海上的位置、计算海上航行的距离，由此发明了“海里”这一单位。“海里”的出现要比“米”和“公里”早很多。

黄河入海流

书小贝一行准备踏上新的征程了，这一次他们要去走访祖国的蔚蓝海疆。猜一猜，他们的第一站会是哪儿？答案的线索就藏在《登鹳雀楼》这首诗里。谜底究竟是什么呢？

“我们这是要去哪儿？”看着控制台前麦小麦忙碌的身影，书小贝好奇地问。

“嘻嘻，我也来考考你们，你们学过唐代诗人王之涣的《登鹳雀楼》吗？”麦小麦调皮地卖了个关子，“线索就隐藏在这首诗里哦！”

“这首诗我会！”芭小墨自信地挺起胸膛，摇头晃脑地吟诵了起来，“白日依山尽，黄河入海流。欲穷千里目，更上一层楼。”

书小贝手托着下巴，皱着眉头沉思起来。突然，她灵光一闪：“我知道了！线索就是‘黄河入海流’，我们要去的目的地就是黄河流入的海，对不对？”

“黄河流入的海，是黄海吗？”芭小墨歪着小脑袋问道。

“芭小墨，你可不能望文生义。”书小贝打断道，“你看看地图，黄河流入的海是渤海才对。”

“其实呀，你们说的都对。”麦小麦指着大屏幕上的地图，不紧不慢地解释道，“黄河在历史上确实曾经流入过黄海。不过我们可以看到，黄河下游地区多为平原，缺乏能够固定河道的山脉，因此历史上黄河曾多次改道，入海口总是在黄海和渤海之间摇摆不定。终于在清代咸丰五年，也就是1855年时，黄河发生了最后一次大规模的改道，流入了渤海。所以，我们现在的目的地就是……”

“渤海！”没等麦小麦说完，书小贝和芭小墨就兴奋地喊了出来，“太棒了！我们要去渤海探险咯！”

“哈哈，真是服了你们！”麦小麦无奈地笑着说，“渤海是我国最北边的一片海，也是我国最浅的一片海。它三面环陆，与辽宁、河北、天津、山东相邻，东面则通过渤海海峡与黄海相连。”

“准备好，我们要出发咯！”鲲小鹏低沉浑厚的声音缓缓响起。

鲲小鹏张开巨大的翅膀，穿越碧蓝的天空，一路飞向蔚蓝的渤海。不一会儿，他们就来到了渤海上空。透过舷窗向外俯瞰，可以看到南北两侧的山东半岛和辽东半岛，就像祖国母亲的双臂一般，温柔地环抱着这片蓝宝石般的内海。随着鲲小鹏缓缓下降，他们得以近距离欣赏海水颜色的渐变层次。白色的浪花夹杂在蔚蓝的海水间，如同一条条银色的丝带随风舞动。

“哇，太美了！”书小贝沉浸在眼前这幅蓝白交织的迷人画卷中，不由得好奇地问道，“对了麦小麦，刚刚你说渤海是我国最浅的海，那它的水深是多少呢？”

“渤海的平均深度仅有18米，沿岸有的水域才几米深，最深处也只有80米左右。”麦小麦回答说。

“天啊！那不是比青海湖还浅？”芭小墨惊呼道。

“是呀！不过话说回来，别看现在渤海面积不大、海水也不深，但对渤海来说，从不存在到形成湖泊，再到变成海洋，已经是一个很大的飞跃了。”麦小麦摸了摸芭小墨的小脑袋瓜。

“什么？渤海原来是湖泊？”书小贝和芭小墨都惊呆了。

麦小麦打开了显示屏，大屏幕上出现了亿万年来地球的演变史。

“大约2.5亿年至6500万年前，地球正在经历地质大变革。超级大陆开始分裂，古地中海逐渐缩小，太平洋板块向西俯冲。在这个时期，渤海地区形成了一个沉降盆地，逐渐积累了陆地上的沉积物。”麦小麦指着地图上渤海的位置解释道，“后来，浅层和深层的地质运动不断进行，逐渐形成了古渤海湖。”

“哇，这个古渤海湖是渤海的前身吗？”书小贝惊讶地问道。

“是的。”麦小麦点点头，“100 多万年前，海水入侵了这个湖泊。直到 30 万年前，古渤海湖变成了浅海。后来，渤海又经历了许多次大规模的海水进退变迁。气候干冷时海水后退，渤海干涸成平原，与冀鲁平原和下辽河平原连成一片；而当气候变暖时海水入侵，渤海则又显露出海的雏形。最后，在几次大规模海侵的影响下，渤海的面积迅速扩大，冀鲁平原和下辽河平原被隔开，加上河流水系的涌入和人类活动的作用，渤海终于成为今天的样子。”

“啊，我知道了！”听完麦小麦的讲解，书小贝灵光一闪，“原来古人笔下的‘沧海桑田’，说的正是渤海的故事啊！”

阅读加油站

渤海是我国的陆架浅海，也是我国面积最小、深度最浅的海。它的基本地貌特征可以概括为“三湾一峡一盆地”：北部是辽东湾，西部是渤海湾，南部是莱州湾，中部是中央浅海盆地，东部是渤海海峡。渤海海峡南北宽度约为 105 千米，是渤海唯一的出口，也是京津地区的海上门户，有“渤海咽喉”之称。

麦小麦告诉我们：渤海的海陆变迁除了与气候变化和地质构造密切相关，还受到来自河流水系和人为因素等方面的影响。黄河等汇入渤海的河流带来的大量泥沙不断堆积于渤海入海口和海岸线，导致渤海的海岸线不断向海推进，渤海的面积逐年缩减。据研究资料显示，渤海海岸线年均推进约 390 米，渤海面积年均减少约 82 平方千米，这种趋势给渤海的生态和经济都带来了很大影响。针对这一问题，我国采取了黄河上游生态修复、下游人工调节河道以及缓解河口泥沙堆积等措施，希望能够有效减缓渤海的缩小趋势。

赶海去咯

听完渤海的故事，书小贝和芭小墨迫不及待地想和渤海来个“亲密接触”了，于是麦小麦提出带大家去“赶海”。什么是“赶海”？是把大海“赶走”吗？书小贝十分疑惑。

听完渤海的故事，书小贝和芭小墨迫不及待地想和渤海来个“亲密接触”了！

鲲小鹏缓缓地降落在渤海湾的美丽海滩上。舱门一开，书小贝便一马当先冲在前头，芭小墨也兴致勃勃地飞了出来。海浪轻轻拍打着沙滩，沙子软软的，非常舒服。

“这里的沙滩好细腻呀！”书小贝弯下腰，捧起一把沙子，惊喜地发现沙子里有许多亮晶晶的小贝壳，“你们快看，沙子里面还藏了许多‘小宝贝’！”

“这就是渤海的可爱之处——美妙的沙滩和丰富的海洋生物。”麦小麦抱着一堆工具，气喘吁吁地跟了上来。

“你这一大堆的东西，都是些什么呀？”芭小墨望着“全副武装”的麦小麦，不解地问道。

“来来来，我们赶海去！”麦小麦神秘地笑了笑。

“赶海？什么是‘赶海’？把海赶走吗？”书小贝十分疑惑。

“哈哈，差不多吧，不过不是我们把海‘赶’走，而是大海自己‘跑’了。”麦小麦忍不住逗了逗书小贝。

“大海还能自己跑？到底是怎么回事？”书小贝越听越糊涂了。

“好啦好啦，不逗你了！”麦小麦放下了手中的工具，回答道，“‘赶海’，就是趁海水退潮、露出大片沙滩和岩石时去海边玩儿。这时候，沙滩上能看到很多有趣的小动物，比如小螃蟹、小贝壳、小鱼等，运气好的话，还能看到海星、海胆呢！咱们可以带着小铲子和桶，去寻找这些海里的宝贝。”

“这也太好玩了吧！”芭小墨激动极了，它开心地用小爪子在沙滩上这里刨刨、那里挖挖。书小贝也不甘示弱，拿起工具一起挖起“宝”来。不一会儿，他们的桶里便装了许多五光十色的美丽贝壳。

“这下我们可是满载而归啦！”书小贝兴奋地从“战利品”中拾起一颗大海螺放到耳边，静静地感受着悠远的海浪声。

“麦小麦，这里还有什么有趣的海洋动物呀？真想和它们一起玩！”芭小墨一边用小爪子刨着沙坑，一边好奇地问道。

“那可多了！”麦小麦回答道，“渤海的海洋生物资源十分丰富，不仅有种类繁多的鱼类、贝类、甲壳类、海藻类生物，每年春秋季节还能看到很多海鸟在这里聚集，那景象可壮观啦！”

“哇！咱们应该秋季再来度假，那我就可以和海鸟朋友们一起玩啦！”芭小墨一听就激动起来。

“我记得在书上看到过，渤海还住着不少珍稀的海洋哺乳动物，是国家保护野生动物西太平洋斑海豹、东亚江豚的海上家园呢。”书小贝开心地说。

“没错！”麦小麦赞许地点点头，继续说，“渤海的海水比较温暖，盐度也比一般海水要低一些，特别适合海洋生物在这里繁衍生息。这些海洋生物对维持海洋生态平衡起着重要作用，咱们赶海的时候，一定要注意保护海洋生态环境，不要伤害濒危物种，也不要留下垃圾哦！”

“当然，我们可是海洋环保小卫士！”书小贝和芭小墨异口同声地答道。海浪轻轻拍打着沙滩，留下一串串泡泡。

突然，一直忙着刨坑“挖宝”的芭小墨像发现新大陆似的喊了起来：“快来快来，这里有好多隐秘的小洞！”

“芭小墨，那是小螃蟹的家。你别一惊一乍的，会把小螃蟹吓跑的。”书小贝急忙跑过去，只见几只小螃蟹在沙滩上忙碌着，有趣极了，“它们在忙什么呀？”

“它们在寻找食物呢！”麦小麦笑着答道，“海里的贝类、藻类都是它们的食物。螃蟹在渤海的生态系

统中扮演着重要的角色，它们能够帮助清理海洋碎屑。”

“原来螃蟹也是海洋环保小卫士啊！”书小贝调皮地向它们敬了个礼。笑声和欢呼声回荡在温暖的海风中，仿佛大海的快乐也在他们心中荡漾着。

阅读加油站

海水时时刻刻都处于运动之中。翻滚的波浪、拍岸的惊涛、时进时退的潮汐，以及大规模的洋流，这些都是海水的运动形式。在月球和太阳引力的作用下，海平面每天都会进行周期性的涨落，这就是潮汐。人们习惯把发生在白天的高潮称为“潮”，把发生在夜里的高潮称为“汐”。海水的涨落和潮水的流动周而复始，其间蕴藏着用之不竭的巨大能量，这就是潮汐能。潮汐能可以用来发电，给人们带来光明和动力。

麦小麦告诉我们：赶海前一定要提前查看天气预报和潮汐信息，选择合适的赶海时间。要警惕复杂的水文环境，不要贸然前往深水区域，尤其要警惕有淤泥、湿滑海草的地方，小心暗沟，以免发生意外。不要随意触碰和食用不熟悉的海洋生物等，以防受伤或中毒。接触虾蟹、贝类等海产品时最好戴上手套，避免在海水中受伤或将已有的皮肤伤口暴露在海水中。穿着适合的防水鞋，以防滑倒或被尖锐物划伤。此外，赶海时请务必保护海洋生态环境，不要捕捉濒危物种、破坏海洋资源。

五颜六色的盐

在渤海畔的长芦盐场，书小贝一行见到了一大片五颜六色的盐田。他们感到很奇怪，盐不是白色的吗？这是怎么回事呢？

芭小墨正盯着沙滩里的小洞，等着小螃蟹再次探出头来，突然，一阵浪花打来，把芭小墨拍了个趔趄。芭小墨晃晃脑袋，吐出一口海水，抱怨道：“天啊，这海水怎么这么难喝呀！不但咸，还又苦又涩的。”

“哈哈，这是因为海水里含有大量的盐类物质，比如氯化钠、氯化镁、硫酸镁等。”麦小麦补充道，“其中最常见的是氯化钠，也就是我们平时食用的盐。”

“海盐可以用来做很多美食呢！”想到美食，芭小墨忍不住咽了下口水，似乎刚刚那口海水也不那么难以下咽了，“那我们赶紧把海水中的盐取出来吧！”

“哈哈哈，哪有那么容易呀！”书小贝捂着嘴偷笑道，“海盐提取要经过一系列复杂的工业流程呢！”

“没错。”麦小麦提议道，“你们想不想看看海盐是怎么提取出来的？渤海湾西岸的长芦盐场可是我国最大的盐场……”

“好耶！”麦小麦话音未落，书小贝和芭小墨便激动地喊了起来。他们迫不及待地拎起小桶、扛起小铁锹，哼哧哼哧地冲向鲲小鹏。不一会儿，鲲小鹏便展开双翼，启动引擎，向长芦盐场飞去。

“你们快来看！下面这一块块长方形是什么？”顺着书小贝手指的方向望去，只见大地上铺开了一幅绚丽的画卷。不同深浅的红色、黄色、粉色和棕色交织成了一片梦幻的海洋，宛若调色板上的颜料，随意而又和谐地洒落大地，在阳光的照耀下熠熠生辉。

“这就是长芦盐场著名的七彩盐田。”麦小麦回答道。

“我还以为盐田是一片白花花的呢，没想到竟如花田般绚丽多彩，真是太美了！”芭小墨的目光也久久停留在这幅大地画卷上，“可是，它们为什么会有这么多的颜色呢？”

“我们去盐场里找一找答案吧！”话音未落，鲲小鹏已经降落在了长芦盐场内。

盐场里，车辆穿梭，机器轰鸣，呈现出一片繁忙而有序的景象。这时，一阵热情的招呼声传了过来：“欢迎你们，小小探险家们！我是长芦盐场的工作人员，你们可以叫我董伯伯。刚刚收到鲲小鹏给我们传来的讯息，说你们希望来盐场参观。没问题，我来带你们转转吧！”

董伯伯带着书小贝一行走进长芦盐场，为他们详细介绍了海盐的提取过程。原来，从一滴海水到“百味之王”——海盐，需要先将海水引入滩田的储水池，制成卤水，然后借助太阳和风的力量，蒸发水分，提取结晶盐。整个过程需要耗时漫长的300多天。

书小贝一行跟随董伯伯来到俯瞰盐场全景的观景台，盐场的美景尽收眼底。明媚的阳光下，尚未结晶的盐池散发着五颜六色的光芒。已然结晶的盐池如雪地般洁白无瑕，辛勤的工人们正操作着挖掘机，在里面进行扒盐作业。他们将结晶形成的原料盐堆成一座

座十多米高的大盐山，只等晾晒和控淋处理去除水分后，将其送至工厂进行下一步的加工和使用。

“原来我们吃到的海盐是这般来之不易呀！”书小贝望着盐场上辛勤忙碌的工人，不由得感慨道。

芭小墨望着宛如水彩画一般的盐田，想起了之前的疑惑，忍不住问道：“董伯伯，为什么盐田会呈现

出这些不同的色彩呢？”

“这是因为每个盐池的盐度不同，结晶速度也不同。随着卤水不断蒸发结晶，卤水的浓度发生了变化，于是就会呈现出红、黄、粉、棕等不同颜色。”董伯伯耐心地解释着，“不过，这种颜色差异只有从高空俯瞰才会比较明显。”

“真是太神奇了！”书小贝不禁感叹道，“这些缤纷色彩背后的科学原理，真让人感到惊奇！”

董伯伯微笑着说：“是的，科学无处不在。每个盐池都像一个自然的实验室，而我们每天的工作就是探索和发现这些自然的奥秘。”

微风拂过，盐池的表面泛起细微的涟漪，反射出迷人的色彩，仿佛也在向盐场上辛勤劳作的人们致意。

阅读加油站

大海是盐的“故乡”。咸涩的海水中蕴含着取之不尽、用之不竭的盐类资源。早在四五千年前，我国沿海的居民就已经掌握了“煮海为盐”的本领。“盐”字的繁体字为“鹽”，由“臣”“人”“卤”“皿”四个部分组成。古字“臣”为眼形，意思是睁大眼睛看，表明盐这种物质历来受到重视，由官方管理。“卤”字在古文中像一幅鸟瞰的盐卤水流进盐池的写意图画，“人”和“卤”代表着由人来监视卤水煎盐。“皿”表示用器皿产盐，也表示用器皿盛装食盐。所以，“盐”字的整体结构生动刻画了盐的生产制造关系，也体现出了人与自然的和谐关系。

麦小麦告诉我们：从海水中提取食盐后剩下的液体叫作苦卤，其中富含各种矿物质，比如钾、镁、溴和硫酸盐等，价值很高。全世界每年从海水中生产上亿吨盐，因此产生的苦卤也很多。苦卤就像一种“液体宝藏”，既可以用来提取氯化钾、溴素、无水硫酸钠等化工原料，又可以用来作为豆腐凝固剂，具有很高的经济价值。

黑色的宝藏

麦小麦告诉大家，海洋是个聚宝盆，不仅藏着白色的宝藏——海盐，还藏有一种“黑色的宝藏”。黑色的宝藏是什么呢？它和我们的生活有什么关系？

告别了美丽的长芦盐场和热心的董伯伯，书小贝一行带着快乐和感激，再次踏上旅程。

“你们知道吗？海洋是个聚宝盆，不仅藏着白色的宝藏，还有黑色的宝藏。”麦小麦神秘地笑了笑。

“白色的宝藏？那可不就是咱们刚刚看到的海盐吗？那黑色的宝藏又是什么呢？”芭小墨摇了摇头，“总不能是我吧？”

“哈哈哈！”书小贝一边大笑，一边说，“我来猜一猜，黑色的宝藏是石油，对吗？”

“答对啦！”麦小麦鼓起掌来。

“石油？是石头里的油吗？”芭小墨停在书小贝的肩上，好奇地问道。

“哈哈，也可以这么说吧，石油确实是在地下岩石中经过长期的自然过程形成的。”麦小麦笑着解释道，“在数百万年至数亿年前，生长在海洋或陆地湖泊里的微生物、藻类等死亡后，沉入水底并逐渐堆积起来，在地质压力和地球内热的共同作用下，渐渐变成了一种以碳氢化合物为主要成分的黑色黏性液体，这便是石油。”

“那这黑糊糊的石油又有什么用呢？它能吃吗？”芭小墨歪着小脑袋问道。

“你呀你，就知道吃！”麦小麦打趣道，“石油可不是食物，它是一种可以燃烧的液体矿产，主要被用来提取燃油和汽油，也是洗涤剂、塑料、化肥等许多化工产品的原料，对我们的生产生活十分重要。”

“哇，石油的用途这么广泛，难怪被称为‘黑色的宝藏’了！”芭小墨惊叹道。

“我知道位于黑龙江省的大庆油田，它是我国第一大油田。”书小贝迫不及待地分享道，“海洋里也有油田吗？”

“是的，石油不仅存在于陆地里，海底的石油蕴藏量也很丰富。”麦小麦一边说，一边指了指窗外，“而且你们知道吗？在我们所在的这片海域里，‘黑色的宝藏’正被源源不断地挖掘出来。”

顺着麦小麦指示的方向，书小贝和芭小墨齐刷刷地望向窗外。只见广阔的海面上，几座高大的钻井平台矗立着，宛如海上巨人一般，正忙碌地进行着石油开采的工作。

“这里是渤海油田。它是我国最大的海洋油田，也是我国第一大原油生产基地。”麦小麦介绍道。

“太厉害了！”书小贝和芭小墨纷纷赞叹道。

“可是大海茫茫，要怎么知道哪里有石油呢？”书小贝有些困惑。

“海洋油气资源主要储存在海洋沉积盆地中，科学家们据此推断渤海湾盆地可能藏有石油。”麦小麦娓娓道来，“但渤海湾的地质结构非常复杂，油藏分布零散，加上隔了一层海水，导致寻找和开发石油变得更加困难。”

“为了找到那些隐藏的油藏，科学家和工程师们首先会派出物探船、工程勘察船等设备，深入海底勘探石油储藏的大致位置，再通过钻井、电缆测井等技术取得样品进行测试，以获取详细的油藏信息。正是这些先进技术和创新理论，帮助他们成功找到了许多珍贵的石油资源。”麦小麦说着，心中充满了自豪感。

“听上去就像是一场寻宝大冒险啊！”芭小墨惊叹道，“那这些石油又是如何被开采出来的呢？”

“看到那些大家伙了吗？”麦小麦指着下方那些“海上巨人”说，“它们是海上钻井平台，能通过深钻技术，将管道插入海床下深深的石油层，将石油抽取到地面上。有了它们的帮忙，如今人们已经可以开采至海床下方 5000 米甚至更深的地方了。”

“好厉害呀！那石油抽出来后会怎样处理呢？”书小贝问道。

“抽取到的原油会经过处理，去除杂质，然后运输到炼油厂进行进一步加工，最终变成我们日常使用的汽油、柴油和其他化学产品。”麦小麦回答道。

只见钻井平台之间不时有船舶穿梭，运输着刚刚抽取的原油。远处，直升机在空中飞过，为平台提供着物资和人员支持。成群的海鸥在海面上盘旋，似乎也在观察着这幅繁忙的景象。

“渤海油田不仅发展迅速，而且在保护海洋环境方面也逐渐加强。”麦小麦继续说，“未来的开采技术会更加环保，尽可能减少对海洋生态的影响。”

“嗯嗯！”书小贝点点头，“只有得到更好的保护和开发，‘黑色的宝藏’的价值才能得以彰显。”

阅读加油站

石油是最早被注意到的海底资源之一，其经济价值在海洋经济中位居前列。世界上最著名的海上石油开采产区包括中东地区的波斯湾、欧洲的北海和北美洲的墨西哥湾。其中，波斯湾因其丰富的产油量而被誉为“石油海”。我国从南到北的海域几乎都有油田的存在，石油储量也很丰富。

麦小麦告诉我们：天然气也是人类社会使用的主要能源之一，它是指蕴藏在地层中的以碳氢化合物为主要成分的可燃气体混合物。有些天然气和石油储存在一起，有些则单独存在。很多时候，石油和天然气都储藏在同一层位，经常会被同时开采出来，因此人们常将石油和天然气合称为“油气”。天然气在世界范围内分布极不均衡，除了“世界油气心脏”波斯湾以外，俄罗斯、委内瑞拉、非洲西部的几内亚湾以及我国南海等地区，都蕴藏着丰富的天然气资源。

“泾渭分明”的海

从茫茫的大海上方飞过，眼尖的芭小墨突然发现，海面上有一道神奇的分界线把大海分成了两半！这是怎么回事呢？

鲲小鹏继续向东飞去。书小贝坐在舷窗旁，仍然沉浸在刚才的所见所闻之中。她既感受到了科技的力量，也理解了守护海洋的意义和责任。

“快看，那儿有一道分界线，把大海分成了两半！”芭小墨一惊一乍地叫起来，把书小贝从思绪中拉了出来。她好奇地凑过去一起看。

只见茫茫海面之上，有一道清晰的分界线蜿蜒而过。分界线一边的海水有些浑浊，呈现出微微的黄色，另一边则呈现出清澈的深蓝色。

“你们知道‘泾渭分明’的典故吗？”麦小麦冷不丁地抛出一个问题。

“我知道！”芭小墨抢先答道，“‘泾渭分明’这个成语，说的是陕西省泾河和渭河交汇处‘一清一浊’的奇特的自然现象。”

“没错。但你们知道吗？在茫茫海洋之中，也会存在‘泾渭分明’的神奇景观哦。你们现在看到的，就是黄海和渤海的分界线。”麦小麦微笑着回应道。

“黄色的一边是黄海，蓝色的一边是渤海，对吗？”芭小墨叽叽喳喳地猜测着。

“哈哈，恰恰相反！”麦小麦笑着说，“深蓝清澈的是黄海，而略显浑浊的是渤海。”

“我猜，这和黄河有关系吧？”书小贝笑嘻嘻地说，“古时候黄河水流入黄海，大量泥沙使海水中悬浮物质增多，海水透明度降低并呈现出黄色，黄海也因此而得名。不过现在黄河已经改道流入渤海了，大量的泥沙堆积到了渤海入海口，所以渤海变黄了，而‘黄海’却不黄了。”

“是的，这是一部分原因。”麦小麦赞许地点点头，“黄海的水质之所以比渤海好，主要还是因为黄海的面积比较大，与日本海和东海相连，所以它的净化能力更强，能够更好地稀释和分解污染物。此外，黄海的盐度较高，也使得其水质相对较好。”

“我知道了！因为两片海的盐度不同、密度不同，所以它们相邻却不相容。”芭小墨兴奋地拍起翅膀。

“说得很好！”麦小麦不禁竖起了大拇指，“而且，两片海的海底地沟深度也不同，据说乘船经过分界线的时候，会感觉到明显的沉降，好像过台阶似的。此外，黄渤海分界线还受潮汐和风向影响，形状时隐时现，像条活灵活现的龙，十分神奇！”

“哇，大自然的鬼斧神工真令人拍案叫绝！”书小贝和芭小墨看得入了迷。

出了渤海海峡，海面骤然开阔起来。黄海在他们的眼前展现出一片壮丽的景象：波光粼粼的海面与远处的天际相接，宛如一幅动人的画卷，令人心旷神怡。

正当他们陶醉在这无边的美景中时，突然，一股神秘的力量似乎悄然降临。四周开始弥漫起一种朦胧的白色雾气，它像是大海的呼吸，轻轻地将他们包裹其中。它来得如此突然，又如此神秘。渐渐地，舷窗也像被蒙上了一层纱似的，变得模糊起来。

“哎呀，这是怎么回事？”芭小墨一把钻进书小贝的怀里，小眼睛在雾气中紧张地眨巴着。

“别害怕，这是海雾。”麦小麦连忙为大家解释，“海雾是海上一种常见的天气现象，当冷空气遇到了温暖的海面时，海面上的暖湿空气便会遇冷凝结成小水滴，大量的小水滴悬浮在海面上便形成了海雾。由于这些水滴能反射各种波长的光，所以看起来一片灰白。黄海海域是世界著名的海雾发生地，春夏季节正是黄海海雾的多发季节，正巧就被我们碰上了。”

听了麦小麦的话，芭小墨放心地坐在书小贝的怀里，和大家一道静静地欣赏这奇异的自然景观。

阅读加油站

黄海是太平洋西部的边缘海，位于中国大陆与朝鲜半岛之间，呈南北向葫芦状，是处于中国大陆架上的半封闭的浅海。黄海的西海岸是我国的江苏省和山东半岛，西北面通过渤海海峡与渤海相连，北面是辽东半岛，东面是朝鲜和韩国，南面以长江口北岸的启东角与济州岛西南角连线为界，与东海相接。

麦小麦告诉我们：黄海的海洋生物种类繁多、数量庞大，以经济鱼类和底栖生物为代表的渔业资源相当丰富。黄海里生活着的海洋生物大多属于温带物种，也有一些喜欢暖水的物种。黄海主要的经济鱼类有小黄鱼、带鱼、鲅鱼、太平洋鲱鱼、鲳鱼和鳕鱼等。此外，这里的中国毛虾、太平洋磷虾和海蜇也很受欢迎。黄海的贝类资源也很丰富，较为常见的有牡蛎、贻贝、蛤、扇贝、鲍鱼等。此外，黄海还有金乌贼、长须鲸、虎鲸等海洋动物，以及海带、紫菜和石花菜等底栖植物。

穿越迷雾

正当书小贝一行陶醉在黄海的无边美景中时，海面上突然云蒸雾腾，什么都看不清了。这片海雾是从哪儿来的？他们能够成功穿越迷雾吗？

鲲小鹏载着大家在黄海上空航行，突然遇到了海雾。海雾仿佛是轻盈的舞者，在海面上旋转、跳跃，久久不散，为大海披上了一层神秘的面纱。

“为什么海雾可以长时间笼罩在海面上呢？这些小水滴不会落下来变成雨吗？”书小贝有些疑惑。

“这是因为它们太小了。”麦小麦笑着回答道，“组成海雾的水滴直径大约为 10 微米。这样的水滴细小轻盈，每分钟仅降落约 1 厘米，所以看起来就像在空中停留不动似的。”

“那么黄海海雾又是怎么形成的呢？”芭小墨也对这奇特的现象感到十分好奇。

“一般来说，寒流与暖流交汇的海域容易产生海雾，寒流流经的低纬度海域也容易形成海雾。”麦小麦一边说，一边打开正前方的显示屏，显示屏上出现了一幅世界洋流分布图。

“你们还记得墨西哥湾暖流吗？”麦小麦冷不丁抛出了个问题。

“当然记得！”书小贝抢答道，“那可是洋流中的‘顶流’，它的总流量要比陆地上所有河流的总量还高出80倍呢！”

“我们现在将要认识的，就是仅次于它的世界第二大暖流——黑潮。”麦小麦指着地图上北太平洋西部海域的一根特别明显的箭头说道。

“黑潮，是黑色的潮水吗？”芭小墨疑惑地问道。

“黑潮不是潮，是洋流，也叫‘日本暖流’。黑潮的水不仅不黑，相反还非常地清澈透明哦！”麦小麦一边说着，一边操作控制台，让显示屏上展示出黑潮的景观图。

“为什么它的颜色看起来比周边的海水深呢？”书小贝看着大屏幕上的图片，不解地问道。

“这是因为黑潮高温高盐，水很干净，能见度可达 30 ~ 40 米。当阳光照射到黑潮的海面时，水会吸收红色和黄色的光波，并把蓝色的光波散射出去。所以黑潮流经的海域会呈现出蓝黑色，就好像大海里漂着一条黑色绸带一样。又因为这股暖流的流速很快，像潮水一般汹涌，所以人们称它为‘黑潮’。”麦小麦耐心地解释道。

“那黑潮和黄海的海雾有什么关系

呢？”书小贝越听越糊涂了。

“你们看，黑潮是由北赤道暖流转变而成的。它从菲律宾东北部经我国台湾东侧流入东海，并继续流向北部，在日本九州岛南部海面一分为二：一支转向东北，奔向日本海；另一支折向西北，进入我国的黄海，并穿过渤海海峡流入渤海湾，形成黄海暖流。”麦小麦一边说，一边在地图上指出黑潮的流动方向。

“我明白了！”书小贝恍然大悟，接过麦小麦的话继续说道，“黄海暖流与黄海沿岸的冷水流相遇，在适宜的气象条件下，就容易形成海雾。”

“明白归明白，可我们现在困在海雾里了，什么都看不清，要怎么办呀？”芭小墨望着白茫茫的前方，有些着急，“鲲小鹏，你能带我们穿过这片迷雾吗？”

“包在我身上！”鲲小鹏发出了一声响亮的鸣叫，仿佛是在回应大家对它的信任。它调整好自己的飞行姿态，凭借它先进的导航系统和敏锐的感知能力，在浓厚的雾气中稳稳地穿梭着。随着时间的推移，他们逐渐感受到了前方光线的变化。雾气慢慢散去，黄海的美景再次展现在他们的眼前——他们终于成功地穿过了这片神秘的海雾！

“太棒了！”芭小墨兴奋得直拍翅膀，“鲲小鹏，你真是我们的‘大英雄’！”

书小贝笑着摸了摸芭小墨的头。她知道，在这趟充满惊喜与收获的探险之旅中，芭小墨、麦小麦和鲲小鹏，永远是她最可靠的伙伴。

阅读加油站

海洋吸收并储存了大量的太阳辐射，是一个巨大的能量贮存器。洋流则如同海洋的使者，携带着大量的能量和物质在全球范围内流动，是地球上热量运转的主要动力，对全球气候变化起着缓冲和调节的作用。洋流可以分为暖流和寒流两种。一般来说，暖流会给上方空气输送很多热量和水汽，让沿岸气候更加温暖湿润，而寒流则会吸收空气中的热量和水汽，对沿岸气候起到降温减湿的作用，使其更加凉爽干燥。

麦小麦告诉我们：有时候，洋流还会让一些地方的气候变得和原本应有的不一样。比如，非洲的马达加斯加岛远离赤道地区，从纬度位置来看，本应为热带草原或热带沙漠气候，但由于沿岸有暖流经过，加上季风作用，马达加斯加岛东岸竟然是热带雨林气候！而南美洲西海岸靠近赤道的地方本该是热带雨林气候，却由于有寒流经过而成为热带沙漠气候。所以说，洋流就像个神奇的魔法师，能改变气候的“面貌”。

在海洋里“放牧”

黄海的海鲜特别有名，但海鲜要搬上餐桌，可没那么容易。麦小麦告诉大家，要获得海鲜，除了传统的海洋捕捞与水产养殖，还有一种新的方式——在海洋里“放牧”。海洋里也能放牧吗？这是怎么一回事呢？

鲲小鹏带着书小贝一行小心翼翼地穿越了如梦似幻的黄海海雾，继续向南飞去。书小贝望着窗外渐渐清晰的海景，心中充满了对未知世界的好奇。她转头问麦小麦：“麦小麦，听说这里的海鲜特别有名，是不是和这片神秘的黑潮有关系？”

麦小麦点了点头：“没错，当温暖的黑潮水流遇到较冷的海水时，海水会躁动不安，将海底的有机质带到海水表层，使得浮游生物大量繁殖，进而为鱼类提供丰富的饵料。与此同时，冷暖洋流间的水温差和盐度差在交汇时会形成一个‘水障’，这在无形中约束了鱼群的活动范围，使得鱼群集中形成渔场，为黄海带来丰富的渔业资源。”

听到这里，芭小墨忍不住咽了下口水，说道：“哇，这么说来，黄海真是个宝藏之地啊！我迫不及待地想去大快朵颐了！”

“先别急！”麦小麦决定考考他们，“海鲜要搬上餐桌可不是那么容易的事。你们知道沿海地区的人们是如何实现鱼盐之利的吗？”

“这太简单了，出海捕鱼呗！”书小贝不假思索地答道。

“还有捡海螺、挖蛏子、抓螃蟹……”芭小墨馋得口水都快流下来了。

“你们说得没错。沿海居民有各种各样讨海的方法去获得海洋的馈赠。”麦小麦顿了顿，继续说，“然而，讨海的过程并非总是一帆风顺的。无论是清晨出海时的寒风刺骨，还是暴风雨来临时的波涛汹涌，渔民们都必须竭尽全力与大自然的力量相抗衡。此外，捕捞的成果也常常无法预料，辛勤的付出可能换来空空的渔网。讨海人不仅需要技巧和经验，还需要坚定的毅力和对海洋深深的敬畏。”

听了麦小麦的话，书小贝和芭小墨不好意思地低下了头，为刚刚的想当然感到抱歉。

“说到讨海，你们知道除了传统的捕捞方式，还有哪些获取海鲜的方法吗？”麦小麦又提了一个问题。

芭小墨挠了挠脑袋说：“我们可以养鱼养虾，对不对？”

书小贝想了想，也回答说：“上次我们出去玩时，我还见到渔民们在大海里养海带、种紫菜——一派海上田园的繁忙景象！”

麦小麦赞许地点点头：“是的，这些都是海洋水产养殖。我国是世界第一渔业大国，我国的水产养殖产量占全球总量约四成。但传统单一、粗放的海水养殖不可避免地会对海洋生态造成伤害，因此需要改变现有的渔业生产方式，在保护生态、维持资源和发展渔业之间找到一个平衡点。”

“那要怎么做呢？”书小贝有些担忧。

麦小麦笑了笑，话锋一转，突然背起诗来：“天苍苍，野茫茫，风吹草低见牛羊……”

“这不是北朝民歌《敕勒歌》吗？它描绘的是在辽阔草原上放牧的景象，和我们说的水产养殖有什么关系？”书小贝挠了挠头，不解地问。

“别着急，你们可曾想过，在浩瀚的海洋里，我们也能像草原放牧那样，放养着各种各样的海洋生物？”麦小麦反问道。

“放牧海洋生物？那可真是太有趣了！”芭小墨一听就来了兴趣。

“是的，在海洋里‘放牧’。和传统的水产养殖不同，海洋牧场不是在小小的池塘里养鱼，而是把养殖范围扩展到大海中，像放牧牛羊一样管理海洋生物，帮助鱼、虾、贝类和海藻生长得更好。”麦小麦解释道，“海洋牧场更加注重修复与优化生态环境，也更加注重维护生物多样性。这样一来，我们不仅能够获得更多的水产品，还能保护海洋环境，让海洋生态系统变得更加健康。”

听了麦小麦的话，书小贝的脑海里浮现出一幅生动的画面：在碧蓝的海洋里，一群五颜六色的小鱼正在水中自在嬉戏。她骑在一只可爱的海豚的背上，手里拿着一根长长的海藻，仿佛是牧羊人的牧鞭，轻轻一挥，几只海星和小海龟就围了过来。阳光透过水面，点亮了海底世界，仿佛在为这场奇妙的海洋生物派对助兴。直到芭小墨轻轻地啄了啄书小贝的手，才把她从幻想中拉了回来。

“不如我们去实地参观一下，怎么样？”麦小麦提议。

“太好了！我迫不及待想去看看呢！”书小贝十分憧憬。

“我的肚子也咕咕叫了，我们快出发吧！”芭小墨也忙不迭地催促道。

“坐稳咯，出发啦！”鲲小鹏立刻调整方向，带着饥肠辘辘的小伙伴们，向着那片充满希望的蓝色疆域进发。

阅读加油站

海洋牧场是一种基于海洋生态系统的渔业模式。它利用自然的海洋生态环境，通过规模化的渔业设施和系统化的管理体制，比如建造大型人工孵化厂、大规模投放人工鱼礁、设置自动投饲装置，以及使用先进的鱼群控制技术等，将人工放流的海洋经济生物聚集起来。就像放牧牛羊一样，海洋牧场为海洋生物提供安全的生长和觅食环境，从而增加渔业资源、改善海洋环境，实现渔业资源的可持续利用。

麦小麦告诉我们：早在 1947 年，我国著名海洋生态学家、水产学家朱树屏研究员就提出了“水是鱼的牧场”的理念，倡导“种鱼与开发水上牧场”，开创了“海洋渔业农牧化”的科学事业。20 世纪 60 年代后，我国海洋农业奠基人曾呈奎院士等提出，我国海洋渔业必须走“海洋农牧化”发展道路。随着现代渔业科学技术的不断发展，以及对海洋牧场建设认识的深化和实践的深入，现在，这一想法已经得到实现，海洋牧场建设正如火如荼地开展着。

“项链”里藏着“大粮仓”

蔚蓝的黄海戴着一条璀璨夺目的“项链”，而且这条精美的“项链”里竟然藏着一座“大粮仓”！书小贝和芭小墨迫不及待地要去探个究竟了，他们能够发现多少秘密呢？

在麦小麦的提议下，鲲小鹏载着书小贝一行，朝着海洋牧场的方向飞去。突然，眼尖的芭小墨叫了起来：“你们快看，黄海居然戴着一条美丽的项链！”

书小贝和麦小麦赶到舷窗边一看，只见一片蓝色碧波中，静静地躺着一条璀璨夺目的“项链”，“项链”的一端是花瓣“吊坠”，另一端则是海星“吊坠”，造型十分优美。

“好美啊！真想戴上试试！”书小贝看到美丽的“项链”，开心得两眼直放光。

“嘿嘿，这条‘项链’不仅造型优美，还很厉害呢！”麦小麦调皮地扮了个鬼脸，“这里头可藏着一座‘大粮仓’哦！”

“什么？‘项链’里还能藏下大粮仓？”书小贝和芭小墨惊呼道。

“当然啦！这里就是咱们的目的地——我国首座海

洋牧场‘耕海1号’。”麦小麦为大家介绍道，“它是一个大型的智能生态海洋牧场综合体平台，也是一座见证着海洋牧场与海工制造加速崛起的‘蓝色粮仓’。”

麦小麦一边指着“项链”一边说：“你们看，‘耕海1号’一边是花瓣形的智慧渔场，是我们这次所要造访的重点区域；另一边是海星形的大型综合体平台，里面集休闲娱乐、科技研发、科普教育等功能于一体，是休闲度假的好去处。”

不一会儿，鲲小鹏便降落在花朵般的“耕海1号”智慧渔场大平台上。只见眼前的这座智慧渔场宛如一座海上宫殿，稳稳地漂浮在波澜壮阔的海面上，令人震撼不已。

“智慧渔场的这三片‘大花瓣’，是三个养殖网箱。每个网箱直径可达40米，每个网箱养殖体积约有1万立方米，里面分别养殖了斑石鲷、真鲷和黑鲳等优质海水鱼类。”麦小麦一边带着大家参观，一边介绍道，“这里的网箱每年可养殖优质海水鱼类20

万尾，年产可达 15 万公斤呢！”

“哇！这么多！”两只“小馋猫”一想到有吃不完的鱼，口水都快流下来了。

“是啊，这可要多亏了渔场配备的一系列智能化系统，比如自动投饵、环境监测、安全管理等，以及无人船、水下巡检机器人等一系列世界领先设备。目前，智慧渔场已经实现了自动化、智能化的生态养殖，可厉害了！走，我带你们去看看！”麦小麦带着书小贝和芭小墨来到“耕海 1 号”的控制大厅。在那里，可以通过大屏幕看到海洋牧场里各种鱼群的实时情况。

“你们看，这就是智慧渔场的海洋生态环境监测系统。它可以根据对风浪、水流等实时数据的分析，调整投喂的位置、距离、下饵速度等参数，实现精准投喂，避免残存饵料污染。”麦小麦指着大屏幕介绍道，“不仅如此，智慧渔场还充分利用太阳能、风能等多种清洁能源，并采用先进的污水处理系统，成功实现了海上‘零排放’。”

“太厉害了！没想到智慧渔场不仅养殖技术先进，在保护生态环境方面也是不同凡响啊！”书小贝和芭小墨连声赞叹道。

参观结束后，他们在牧场的餐厅里享用了一顿就地取材的海鲜大餐。新鲜的海鲜美味无比，让他们大呼过瘾！

“嗝，海鲜大餐真是太美味了！”芭小墨揉揉撑得滚圆的肚子，心满意足地打了个饱嗝。

“麦小麦，接下来咱们要去哪儿呢？”书小贝心中满是对下次冒险的期待。

“我们刚刚参观了近海的海洋牧场。接着，我们不妨一路向南，去拜访一个深远海的海洋牧场吧！”麦小麦带大家回到驾驶舱内。鲲小鹏再次铺展双翼，伴随着海风与浪的低吟，向海洋深处飞去。

阅读加油站

水产品是公认的优质蛋白来源，而海洋则是人类获取优质蛋白的“蓝色粮仓”。如今，海洋水产品已经成为人们一个重要的食物来源。因此，发展海洋渔业、推动“蓝色粮仓”建设，不仅是提升人们饮食质量的有效手段，也是维护我国粮食安全的重要途径。

麦小麦告诉我们：建设现代海洋牧场，需要依托先进科技，在特定海域进行生态工程设计，利用人工鱼礁、人工山脉、人工藻场等手段修复并改善生态环境，为水生生物提供理想的栖息场所。同时，要科学管理稀缺的鱼贝类资源，实施幼鱼放流和行为训练，确保生态系统的可持续性。更为重要的是，现代海洋牧场要充分利用物联网、大数据等现代信息技术，构建起全天候、高精度的海洋环境监测系统，确保海洋生态系统的健康稳定。在捕捞作业中，坚持采用低影响、高效率的环保渔具与捕捞技术，确保在获取成熟鱼贝类资源的同时，维持海洋生态、环境、资源与渔业生产的和谐共生，实现科技赋能下可持续发展的“蓝色粮仓”。

“冰箱”里的“巨无霸”

在黄海的深远海域，竟然藏着一个“冰箱”，“冰箱”里还住着一个海上“巨无霸”！这可把书小贝一行深深震撼到了。这个“巨无霸”是谁？它又有什么过人之处呢？

鲲小鹏带着大家一路南下，苍茫的海面上波光粼粼，仿佛无数颗钻石在轻轻闪烁。就在这时，芭小墨突然兴奋地拍着翅膀叫了起来：“看！那是什么？”

书小贝顺着芭小墨指的方向望去，只见海平面上出现了一艘与众不同的大船；在它的身旁，一个庞大而神秘的网箱像一座城堡般从深海中缓缓升起，黄色的立柱在阳光的照射下显得格外耀眼。

“这便是咱们要参观的深海渔场吗？”书小贝兴奋地问。

“没错！它叫‘深蓝1号’，是我国自主研制的全球首个大型全潜式深海智能渔业养殖装备，由一艘巨型养殖工船和一座巨大的全潜式网箱组成。”麦小麦指着海面介绍道，“你们看这个黄色的圆柱状的网箱，它高38米、周长180米，可容纳养殖水体约5万立方米，相当于40个标准游泳池的水量！”

“这简直就是海上‘巨无霸’啊！”书小贝被深深地震撼到了，“那它平时都藏在水下吗？”

“‘深蓝 1 号’可以完全潜入水下，并且可以根据需要在 4 ~ 50 米的水深之间调整。它的底部在海床上牢牢固定了 4 座重达 100 吨的船锚，这样即使在恶劣天气下也能够稳固地漂浮在海面上，12 级台风来了也不怕。”麦小麦介绍道。

“为什么还要调节水深呢？直接把网箱放到水里不就好了吗？”书小贝望着这个庞然大物，不解地问道。

“这是因为它需要根据水温来控制渔场升降，确保鱼群能生活在最适合它们的温度层。”麦小麦回答。

“这里面养的是什么鱼呀？这么娇贵！”芭小墨不服气地撇了撇嘴。

“是三文鱼。三文鱼是一种冷水鱼类，会在河流和海洋之间迁徙。它们适宜栖息在清澈无污染且水流强劲的冷水水域，适宜的水温范围为 4℃ ~ 12℃。”麦小麦回答道。

“看来三文鱼真是不好伺候啊！”芭小墨感叹道。

“是的，要想养好三文鱼，就必须要找到合适的环境。”麦小麦点点头，继续介绍，“经过一番考察和观测之后，养殖专家们在山东日照往东大约240海里远的海面上，找到了一处冷水团。这个冷水团就像黄海里的一个‘小冰箱’，即使在炎热的夏天，这片海域还是相当凉快。”

“什么是‘冷水团’呀？”书小贝歪着脑袋，好奇地问。

“在大海的里面，藏着很多不同‘性格’的水。它们因为温度、盐度或者其他性质与周围海水存在明显差异，而往往抱团行动，在海洋中形成一片特殊的水域，我们称之为‘水团’。”麦小麦耐心地解释道。

“就像我们这样？”书小贝调皮地和芭小墨一起紧紧抱住麦小麦，大家嘻嘻哈哈笑成一团。

“别闹别闹，热死啦！”麦小麦挣脱出来，继续介绍道，“在黄海，就有这么一片‘特立独行’的海域。在冬半年，它的温度很均衡，大约在3℃～10℃；而在夏半年，由于增温降盐作用，这片海域明显地分为上、下两层：上层为高温低盐水；下层为低温高盐水，也就形成我们所说的‘黄海冷水团’。”

“也就是说，这片海域的底层常年保持着低温。难怪‘深蓝1号’需要调节水深。”芭小墨总结道。

“太棒了！这简直是理想的三文鱼养殖水域。”

书小贝听了，激动地鼓起掌来。

“虽然条件很理想，但是这块冷水团离陆地实在太远了，普通的海鱼养殖网箱根本用不了。所以，人们就造出了‘深蓝1号’这个海上‘巨无霸’，专门用来在这样的深远海域养鱼。”麦小麦回应道。

“我带你们去看看吧！”鲲小鹏发出了邀请，“我刚刚和船上的工作人员沟通过了，他们很欢迎我们的小探险家们下去参观。”说完，鲲小鹏收起翅膀，慢慢地潜入海中。

“太好啦！”书小贝和芭小墨一阵欢呼，迫不及待地想钻进这个“冰箱”里去了。

阅读加油站

黄海冷水团也叫黄海中央水团，位于黄海中部洼地的深层和底部，覆盖海域面积达13万平方千米，拥有5000亿立方米的水体。黄海冷水团的水质优良，是世界罕见的浅水层冷水团。这里的底层海水温度常年低于12℃，特别适宜三文鱼等高价值鱼类的生长，海上“巨无霸”——“深蓝1号”就坐落在这里。

麦小麦告诉我们：“深蓝1号”是我国首座自主研制的大型全潜式深海智能渔业养殖装备。它每年可出产1500吨的三文鱼。养殖人员首先会在淡水中孵化和养殖小三文鱼，等它们长大后，再通过抽鱼泵将它们传输到“深蓝1号”的网箱里，送到黄海冷水团海域去生活。为了确保三文鱼有一个最适宜的生长和生活环境，“深蓝1号”建有可视化、智能化、信息化的智慧海洋牧场管理平台，船上的养殖人员每天24小时不间断监测着养殖三文鱼海水的各方面数据。更厉害的是，它还配备了雷达扫测和鱼脸识别系统，只需“扫一扫”，就可以清楚地知道网箱里有多少鱼，鱼有多长、多重。

大江之委海之端

书小贝一行来到了一块写着“大江之委海之端”的大石头旁，原来这里竟是长江、黄海、东海的三水交汇处！在这里，他们会有哪些有趣的经历呢？

鲲小鹏带着大家潜入黄海冷水团，去一探“深蓝1号”的真面目。

随着深度的增加，周围的光线逐渐变得柔和而神秘，一群群肥美的三文鱼在网箱中悠然游弋，银灰色的鳞片在水中闪闪发光。

“这里一次可养育30万条三文鱼呢！”麦小麦告诉大家。

“这么多！”书小贝忍不住倒吸了口冷气，“鲲小鹏，咱们可得悠着点儿，别把这张大网给撞破了！”

“别担心，这张大网是设计师们量身定做的，可坚固了！”麦小麦笑着说，“它足足有两个足球场那么大，而且采用高科技材料制作，可以有效防止鲨鱼撕咬，在这里生活的三文鱼们完全不用担心外物入侵。”

“真是太了不起了！通过科技与自然的结合，未来的海洋将会是人与自然和谐共处的蓝色家园！”书小贝趴在舷窗上，盯着悠游自在的鱼儿们，心中充满了对未来的美好憧憬。

告别了“深蓝1号”，鲲小鹏继续穿越广阔的黄海，向南飞去。海面上，浪花轻轻拍打着船体。在阳光的照耀下，整个海面闪烁着银光，仿佛铺上了一层美丽的水晶，偶尔可以看到星星点点的船只驶过。渐渐地，波浪变得越来越温柔，海岸线逐渐清晰起来。

在飞过一片美丽的沙滩后，鲲小鹏缓缓下降，最终停在了海边一块大石头旁。书小贝、芭小墨和麦小麦走了出来，海风吹拂着他们的脸庞，带来一阵清新的咸味。抬头望去，他们看见岩石上刻着几个遒劲有力的汉字：大江之委海之端。

“哇，这是什么地方？”芭小墨好奇地问道。

“这行字的意思是：这里是大江流入海洋的地方！”书小贝眼中闪烁着兴奋的光芒，“我想，我们是来到长江入海口了！”

看见书小贝和芭小墨正认真地琢磨着石头上的字，麦小麦走过来，笑着说：“没错，我们所在的地

方，是江苏南通启东的圆陀角。这里是长江入海前的‘最后一站’，也是长三角地区最早迎接日出的地方。‘委’字有百川下游、水流积聚之意，表现了江海文化的典型特征。”

“太棒了！我们到长江了！”书小贝和芭小墨欢呼雀跃。

“我们不仅到了长江入海口，还到了黄海和东海的交汇处。”麦小麦提醒大家。这下，大家更激动了。

站在“大江之委海之端”景观石旁放眼望去，长江、黄海、东海三水激荡交响，江涛海浪共舞，气势磅礴，蔚为壮观。

“这真是太美了！”书小贝兴奋地看着眼前的壮阔景象，发自内心地感叹道，“难怪人们常说：‘走向海洋，就是走向世界；拥抱海洋，就是拥抱未来。’你们看，这滚滚长江不正满载着古老中国的沧桑传奇，奔向广袤无垠的海洋，将中华民族的深厚历史和灿烂文化，送往世界的每一个角落吗！”

阅读加油站

滚滚长江，从唐古拉山脉滔滔而来，如巨龙般奔腾不息，最终汇入浩瀚的东海之中。不仅是长江，在中国广袤的土地上，还有黄河、珠江等无数江河，它们承载着中华民族悠久的历史和深厚的文化积淀，并与湖泊、海洋紧密相连，交织成一个巨大的交通网络。这个网络不仅让水流畅通无阻，也帮助我们更紧密地联系在一起，让我们的经济和文化得以繁荣发展，也让我们能够更加自信地走向海洋、走向世界。

麦小麦告诉我们：我国拥有漫长的海岸线、广袤的海域和丰富的海洋资源，海洋经济已经成为我国经济增长的重要支柱。同时，海洋也是我国与世界各国进行贸易往来、文化交流的重要通道。在一代又一代海洋人的努力下，如今，我国正朝着海洋强国的目标大步迈进。这不仅仅是一个国家的梦想，更是我们每一个中国人的责任和使命。小朋友们，让我们从现在做起、从点滴做起，携手并肩，共同守护这片蔚蓝的海洋，为实现海洋强国梦、构建人类命运共同体，贡献出自己的智慧和力量！

阅读打卡地图

1 秦岭原来是海洋？

阅读时长

阅读收获 ☆☆☆☆☆

2 回到46亿年前

阅读时长

阅读收获 ☆☆☆☆☆

3 寻找中国古陆

阅读时长

阅读收获 ☆☆☆☆☆

4 陆块漂流记

阅读时长

阅读收获 ☆☆☆☆☆

5 沧海桑田的见证

阅读时长

阅读收获 ☆☆☆☆☆

6 寻找远古的祖先

阅读时长

阅读收获 ☆☆☆☆☆

7 古老生命的密钥

阅读时长

阅读收获 ☆☆☆☆☆

8 自东向西的河流

阅读时长

阅读收获 ☆☆☆☆☆

9 广袤的蔚蓝海疆

阅读时长

阅读收获 ☆☆☆☆☆

10 黄河入海流

阅读时长

阅读收获 ☆☆☆☆☆

11 赶海去咯

阅读时长

阅读收获 ☆☆☆☆☆

12 五颜六色的盐

阅读时长

阅读收获 ☆☆☆☆☆

13 黑色的宝藏

阅读时长

阅读收获 ☆☆☆☆☆

14 “泾渭分明”的海

阅读时长

阅读收获 ☆☆☆☆☆

15 穿越迷雾

阅读时长

阅读收获 ☆☆☆☆☆

16 在海洋里“放牧”

阅读时长

阅读收获 ☆☆☆☆☆

17 “项链”里藏着“大粮仓”

阅读时长

阅读收获 ☆☆☆☆☆

18 “冰箱”里的“巨无霸”

阅读时长

阅读收获 ☆☆☆☆☆

19 大江之委海之端

阅读时长

阅读收获 ☆☆☆☆☆

鸣　谢

卢　灵　海洋教育志愿者团队领衔名师，华侨大学旅游学院实践导师，德旺基础教育研究院特聘研究员，正高级、特级教师，福建省第十三、十四届人大代表，全国优秀地理教研工作者，福建省首届基础教育培训专家，泉州市地理学会党支部书记，泉州师范学院兼职教授。

墨　方　“书小贝”原创 IP 顾问，中国科普作家协会会员，福建省作家协会会员，高级研学旅行指导师，海峡儿童阅读研究中心特约研究员，福建省家庭亲子阅读推广达人。

夏文君　福建省第十四届人大代表、全国研学旅行基地内审员、全国研学旅行指导师、泉州市旅游协会副会长。

张博雅　公益阅读导师，家庭教育指导师，闽都文化研究院研究员，福州盲校爱心志愿者。

陈　静　上海媒体自由撰稿人。

黄皓婧　泉州海外交通史博物馆原宣教部主任，清廉泉州馆馆长。

吴　桐　泉州市委社会工作部工作人员,泉州市作家协会会员。

陈禾谷　泉州市骨干教师，泉州市初中地理教学指导组专家，泉州第五中学初中地理教研组组长。

李次暖　泉州第五中学青年名师、总务处副主任。

陈云霞　福建崇武海洋科普馆科普宣讲员。

一并致谢苏慈浩、蔡钰涵、叶传杰、朱云帆、袁月月、廖天舒、黄美云、陈文欣、王真真、陈永燕、陈晓莉、赖樊蓉、杨诗琪、李凤鸣、张美绚、张璞凌、张晓雯、邓雅方、李钰琛、陈依嘉、许凯晴、陈诗妤、连雨宁等师生，以及我的家人和深港产学研基地领导和同事的支持与关心。